安徽省中等职业教育首批"十四五"规划教材

U0180344

用微课学

·影视动画特效制作

（After Effects 2023）

倪 彤 方 英 ◎ 主 编

张 伟 刘 倩 张润阳 ◎ 副主编

电子工业出版社·

Publishing House of Electronics Industry

北京·BEIJING

内 容 简 介

After Effects（以下简称 AE）是 Adobe 公司开发的一款图形、视频、动画、特效处理软件，主要功能是动画制作、动态合成、视觉特效等，它被广泛应用于电影中的高科技场景、广告中的经典展示、插画中的 MG 动画、UI 界面设计中的动效，以及 Vlog 和 MAD 等领域。

本书采用案例实战的方式，全面介绍了 After Effects 2023 的基本操作和综合应用技巧。本书共九个模块，从 AE 入门到外部插件与模板，精选了 68 个典型工作任务，并且全部配有二维码数字资源，做到即扫即学。本书语言通俗易懂，采用以图说文、OBE 成果导向、任务驱动、讲练结合的形式，手把手地引导读者进行实操，特别适合 AE 新手学习，有一定 AE 基础的用户也可以从本书中学到大量的高级功能和新增功能。

本书可作为职业院校数字媒体技术应用、动漫与游戏设计等电子信息与艺术设计类相关专业的教材。

图书在版编目（CIP）数据

用微课学·影视动画特效制作：After Effects 2023 / 倪彤，方英主编. —北京：电子工业出版社，2023.11

ISBN 978-7-121-46678-6

Ⅰ.①用… Ⅱ. ①倪… ②方… Ⅲ. ①图像处理软件 Ⅳ. ①TP391.413

中国国家版本馆 CIP 数据核字（2023）第 217494 号

责任编辑：郑小燕
印　　刷：北京缤索印刷有限公司
装　　订：北京缤索印刷有限公司
出版发行：电子工业出版社
　　　　　北京市海淀区万寿路 173 信箱　　　邮编：100036
开　　本：880×1 230　　1/16　　印张：15.5　　字数：294 千字
版　　次：2023 年 11 月第 1 版
印　　次：2023 年 11 月第 1 次印刷
定　　价：55.80 元

凡所购买电子工业出版社图书有缺损问题，请向购买书店调换。若书店售缺，请与本社发行部联系，联系及邮购电话：（010）88254888，88258888。

质量投诉请发邮件至 zlts@phei.com.cn，盗版侵权举报请发邮件至 dbqq@phei.com.cn。

本书咨询联系方式：（010）88254550，zhengxy@phei.com.cn。

近年来，随着计算机科学与技术的迅速发展，网络、电影、电视等融媒体制作产业有了长足的发展，同时带动了影视特效合成技术的迅猛发展。国内传媒行业的快速发展使整个社会对影视后期制作从业人员的需求量不断增加。

AE 作为一款优秀的视频后期合成软件，被广泛应用于影视、广告、MG 动画、UI 动效和 Vlog 等相关领域。在数字化、短视频逐渐流行的当下，由于 AE 可与 Adobe 公司的其他软件（如 Photoshop、Illustrator、Audition 和 Premiere 等）实现无缝结合，再加上 Adobe 软件通用的操作风格、良好的人机交互和易上手等特性，所以 AE 已成为当下一款非常受欢迎的、主流的影视动画和特效编辑软件。

本书为安徽省中等职业教育首批"十四五"规划教材。本书共九个模块，精选了 68 个典型工作任务，全面介绍了 After Effects 2023 的工作流程、操作基础、功能提升和外部拓展。本书按照任务目标→任务导入→任务准备→任务实施→任务评价的"五步教学法"实施案例教学，注重对所学知识的练习和巩固，以此来提高读者的实战能力，最终使读者制作出符合行业标准和社会要求的作品。

本书有配套的在线开放课程，方便读者进行线上与线下的混合式学习。书中所有案例的素材文件和教学视频，以及与各任务配套的思维导图教案均可线上使用和下载。

本书在结构体例方面一是采用了以图说文的形式，即以高清图表为主要表现形式，适应知识的可视化呈现；二是结构更加精简、内容更加精炼，避免繁文缛节，提高学习效率；三是精心设计与制作"短小有趣"的微课，并配备相应的二维码辅助教学，做到即扫即学。

各模块教学学时的安排建议如下：

模块	内容		学时	编写
模块一 AE 入门	任务一	界面组成	8	方 英
	任务二	工作流程		
	任务三	图层/时间轴操作		
	任务四	编辑关键帧		
	任务五	快捷键		

模块	内容		学时	编写
模块二 图层与遮罩	任务一	图层类型	12	方 英
	任务二	图层属性		
	任务三	放大镜		
	任务四	木偶动画		
	任务五	百叶窗		
	任务六	涟漪		
	任务七	卷轴动画		
模块三 文本层	任务一	手写字	14	张润阳
	任务二	环环相扣		
	任务三	时间置换文字		
	任务四	文字破碎		
	任务五	文字雨		
	任务六	粒子文字		
模块四 形状图层	任务一	风车	14	张 伟
	任务二	形变动画		
	任务三	环绕		
	任务四	柔性摆动		
	任务五	勾画		
	任务六	变色拉伸文字		
	任务七	线条动画		
	任务八	形变文字		
模块五 跟踪	任务一	稳定跟踪	12	刘 倩
	任务二	单点跟踪		
	任务三	两点跟踪		
	任务四	四点跟踪		
	任务五	跟踪摄像机		
	任务六	文字跟踪		
	任务七	光绘画		
	任务八	粒子跟踪		
模块六 抠像	任务一	Keylight	10	张润阳
	任务二	线性颜色键		
	任务三	颜色范围		
	任务四	颜色差值键		
	任务五	提取		
	任务六	Roto		
模块七 三维图层	任务一	灯光层	14	倪 彤
	任务二	空心立方体		
	任务三	盒子展开		
	任务四	柔性立方体		
	任务五	渐行渐远		
	任务六	AE 相册		
	任务七	3D 文字动画		
	任务八	立体飘带		

模块	内容		学时	编写
模块八 常用表达式	任务一	几个常用表达式	12	倪彤
	任务二	连接建立表达式		
	任务三	音频波谱		
	任务四	三维旋转		
	任务五	闪光		
	任务六	毛玻璃动效		
	任务七	三维图片环绕		
模块九 外部插件与模板	任务一	Saber 动效字	12	倪彤
	任务二	Saber 动效图		
	任务三	Optical Flares 动效字		
	任务四	Optical Flares 动效图		
	任务五	Volna 插件		
	任务六	Element 插件		
	任务七	Particular 插件		
	任务八	Form 插件		
	任务九	Mir 3 插件		
	任务十	3D Stroke 插件		
	任务十一	Shine 插件		
	任务十二	Lux 插件		
	任务十三	AE 模板套用		
总计			108	

本书由合肥工业学校方英老师负责模块一、模块二内容的编写，安徽理工大学张润阳老师负责模块三、模块六内容的编写，安徽理工大学张伟老师负责模块四内容的编写，安徽理工大学刘倩老师负责模块五内容的编写，安徽理工大学倪彤教授负责模块七至模块九内容的编写及最终统稿。由于时间仓促，疏漏和不妥之处在所难免，恳请广大读者提出宝贵意见。

编　者

CONTENTS

目　录

模块一

AE 入门

任务一　界面组成

学习领域：AE 基础	班级：	姓名：
	地点：	日期：

任务目标

1. 认识 AE 工作界面的基本板块。

2. 能对 AE 工作界面进行自定义和重置操作。

3. 通过设置"首选项"对操作环境进行自定义。

4. 优化操作环境，提高操作效率。

任务导入

登录抖音或哔哩哔哩，观摩 AE 作品，感受技术与艺术的创作之美。

任务准备

AE 软件安装及调试。

任务实施

步骤	说明或截图
❶ 启动 AE，出现如图所示界面。	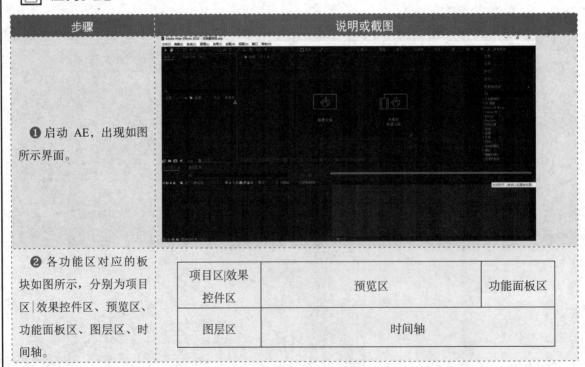
❷ 各功能区对应的板块如图所示，分别为项目区|效果控件区、预览区、功能面板区、图层区、时间轴。	见下表

项目区|效果控件区	预览区	功能面板区
图层区	时间轴	

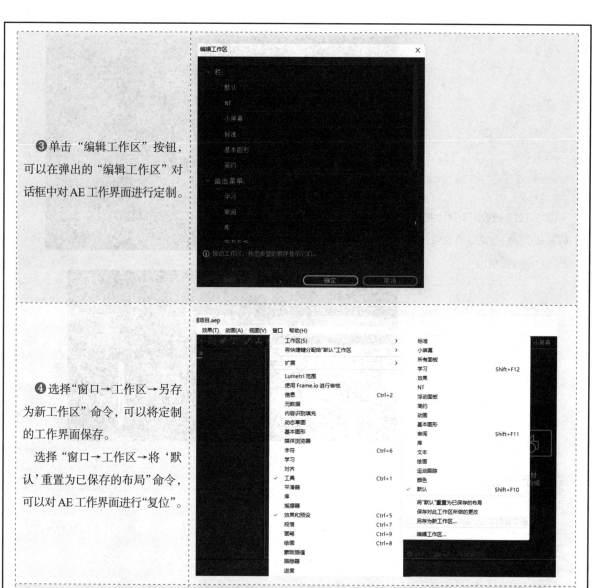

❸单击"编辑工作区"按钮，可以在弹出的"编辑工作区"对话框中对 AE 工作界面进行定制。

❹选择"窗口→工作区→另存为新工作区"命令，可以将定制的工作界面保存。

选择"窗口→工作区→将'默认'重置为已保存的布局"命令，可以对 AE 工作界面进行"复位"。

❺选择"编辑→首选项"命令，可以在弹出的"首选项"对话框中自定义操作环境。例如，在新形状图层上居中放置锚点；允许脚本写入文件和访问网络；自动保存间隔等。

❻"节目"面板用于展示视频剪辑及添加特效之后的效果,以便用户实时调整。

📋 任务评价

1. 自我评价

☐ 安装 AE 软件

☐ 正常启动 ΛE 软件

☐ 打开"对齐"面板

☐ 打开"效果控件"面板

☐ 找到"编辑工作区"按钮

☐ 自定义 AE 工作界面

☐ 重置 AE 工作界面为默认状态

☐ 在"首选项"对话框中取消勾选"启用主屏幕"复选框

2. 教师评价

工作页完成情况:☐ 优 ☐ 良 ☐ 合格 ☐ 不合格

任务二 工作流程

	学习领域：AE 基础	班级：	姓名：
		地点：	日期：

任务目标

1. 学会新建合成的方法。

2. 掌握导入素材的方法。

3. 学会图层和时间轴的基本操作。

4. 掌握合成导出的方法。

5. 培养 AE 规范作业的良好习惯。

任务导入

登录抖音或哔哩哔哩，观摩 AE 作品，分析素材的构成。

任务准备

准备好图片、音频、视频等素材，供 AE 使用。

任务实施

步骤	说明或截图
❶合成是 AE 动画与特效制作的前提。在 AE 中新建合成的方法有两种：一是在预览区中单击"新建合成"按钮；二是在预览区中单击"从素材新建合成"按钮。 "合成设置"对话框如图所示，在其中可以设置视频的分辨率、帧速率和持续时间等。	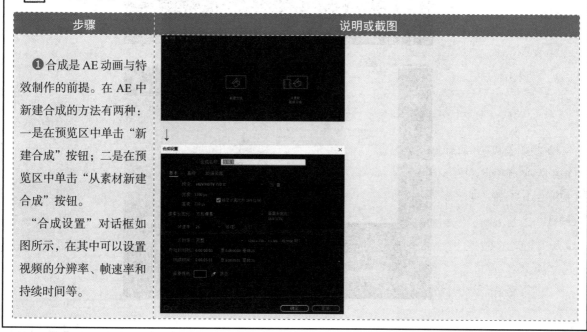

❷在"项目"面板的空白区域右击,在弹出的快捷菜单中选择"导入→文件"命令,可以将图片、音频、视频等素材批量导入。

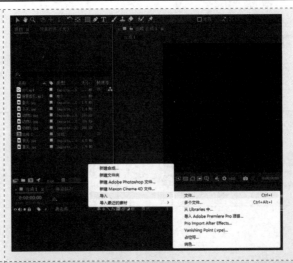

❸选定一批素材,并将其拖曳至图层中,准备在时间轴上对其进行编辑。

❹音频素材所在的图层时长保持不变。

先统一调整其他4个图层的时长为1s,再设置为首尾相接。

❺选择"合成→添加到渲染队列"命令或者按快捷键Ctrl+M,准备进行视频输出。

❻ 单击"输出模块→高品质"按钮，在弹出的"输出模块设置"对话框中可以选择输出的视频文件格式。

注：若要在 AE 2022 版本中输出 MP4 格式的视频文件，则必须安装外部插件 AfterCodecs，这是一款小体积、高效率的渲染编码插件。

❼ 单击"输出到→尚未指定"按钮，在弹出的"将影片输出到"对话框中输入文件名，然后单击"保存"按钮，关闭对话框。

单击界面右侧的"渲染"按钮，开始将合成的影片进行渲染输出。

❽ 最终渲染完成的 MOV 格式的视频文件如图所示。

📖 任务评价

1. 自我评价

☐ 学会基于素材新建合成的方法　　☐ 掌握"合成设置"对话框中的参数设定

☐ 掌握导入素材的常用方法　　☐ 调整素材在时间轴上的时长

☐ 设置各层素材首尾相接　　☐ 掌握合成渲染的快捷键 Ctrl+M

☐ 将合成按照指定的格式进行渲染输出　　☐ 学会 AfterCodecs 插件的安装

2. 教师评价

工作页完成情况：☐ 优 ☐ 良 ☐ 合格 ☐ 不合格

任务三　图层/时间轴操作

	班级：	姓名：
学习领域：AE 基础	地点：	日期：

💡 任务目标

1. 认识图层"变换"选项的五大属性。

2. 学会帧定位的多种方式。

3. 掌握对象属性的复制和粘贴操作。

4. 学会快捷键的正确使用。

✏️ 任务导入

登录抖音或哔哩哔哩，观摩 AE 作品，分析视频动画的构成要素。

🔬 任务准备

准备必要的图片和音频素材。

📖 任务实施

步骤	说明或截图
❶在 AE 中导入 3 张图片，将其全部选中，并拖曳至图层中，弹出"基于所选项新建合成"对话框。 在该对话框中先保持每张图片的"静止持续时间"为 2s，再勾选"序列图层"复选框，最后单击"确定"按钮。	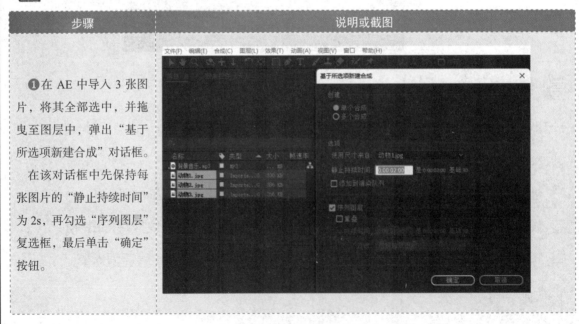

❷ 可以看到，3 张图片摆放在时间轴的 3 个图层中，也就是完成了 3 个素材的分层顺序摆放工作。

❸ 展开最上方图层的"变换"选项，其中包括"锚点"、"位置"、"缩放"、"旋转"和"不透明度"五大属性，每个属性前的"码表"图标是设置动画关键帧的标志。

❹ 使用"hh:mm:ss:ff"格式输入数字，可以快速定位当前帧的位置，也可以通过按 I 键、O 键来移动当前帧至图层的开头和结尾处。例如，在最上方图层的开头和结尾处对"位置"（P）打上两个关键帧，再调整一下图片的位置，图片就会产生移动动画效果。

❺按 U 键可以对选中的图层进行展开和折叠操作。

选中中间图层并右击，在弹出的快捷菜单中选择"变换→适合复合宽度"命令，使素材图片的宽度与合成相匹配，去除黑边。

❻在中间图层的开头和结尾处对"缩放"（S）打上两个关键帧，再调整一下图片的大小。

选中两个关键帧，按快捷键 Ctrl+C 将其复制。

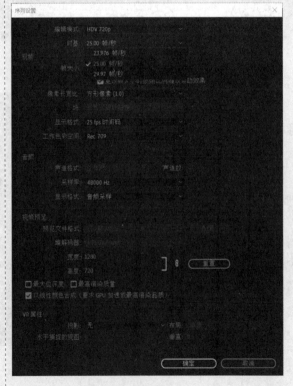

❼选中最下方图层，按 I 键将当前帧定位于图层的开头。

按快捷键 Ctrl+V 粘贴中间图层的关键帧属性，使图片产生缩放动画效果。

📋 任务评价

1. 自我评价

☐ 认识图层"变换"选项的五大属性

☐ 了解关键帧的作用

☐ 掌握快捷键 A、P、S、R、T 所对应的属性名称

☐ 了解 U 键的功能

☐ 了解 I 键、O 键的功能

☐ 位移动画制作

☐ 缩放动画制作

☐ 复制/粘贴关键帧操作

2. 教师评价

工作页完成情况：☐ 优 ☐ 良 ☐ 合格 ☐ 不合格

任务四　编辑关键帧

	学习领域：AE 基础	班级：	姓名：
		地点：	日期：

💡 任务目标

1. 理解匀速运动和变速运动的概念。

2. 学会设置关键帧"缓动"效果。

3. 看懂"速度曲线"的形状，掌握"速度图表"的编辑方法。

4. 深刻认识到世间万事万物的变化是绝对的，不变是相对的，物体运动也不例外。

📎 任务导入

观摩 AE 匀速运动和变速运动的实例，比较两者的差异。

🔬 任务准备

准备好在 AE 中做变速运动的图片素材。

📖 任务实施

步骤	说明或截图
❶在 AE 中批量导入 4 张图片，并将其拖曳至图层中，新建合成，时长为 2s。	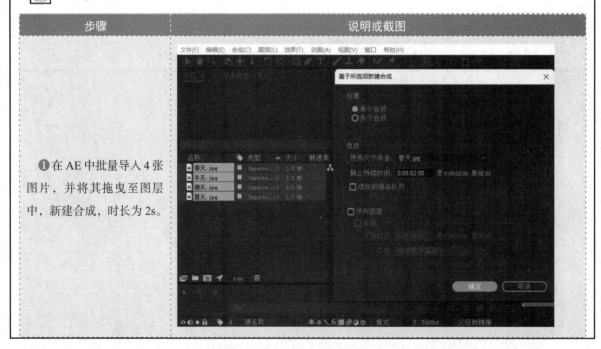

❷ 选中全部图层并右击，在弹出的快捷菜单中选择"变换→适合复合"命令，匹配图片与合成的高度。

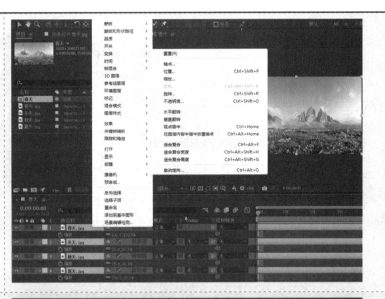

❸ 按 S 键展开图层的"缩放"属性。

先对缩放比例不是 100% 的图层逐个选定并右击，然后在弹出的快捷菜单中选择"预合成"命令，使其与合成的分辨率相匹配。

❹ 保持 4 个图层的选定状态，按 P 键展开其"位置"属性。

分 3 段制作位移动画，即进→停→出。

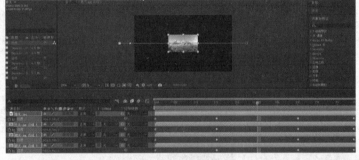

❺ 框选全部关键帧并右击，在弹出的快捷菜单中选择"关键帧辅助→缓动"命令（对应的快捷键为 F9），关键帧形状会由菱形变为工字形。

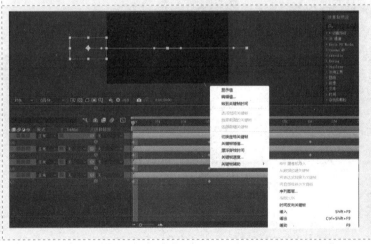

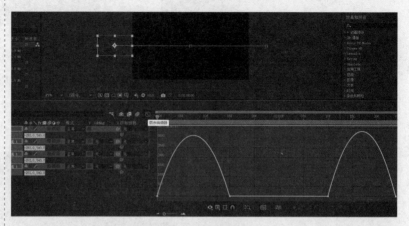

❻单击"图表编辑器"按钮，在弹出的菜单中选择"编辑速度图表"命令，3段位移动画所对应的速度曲线如图所示。可以看到，进和出两段动画的速度是先由慢变快，再由快变慢的。

停段的速度为0，保持静止。

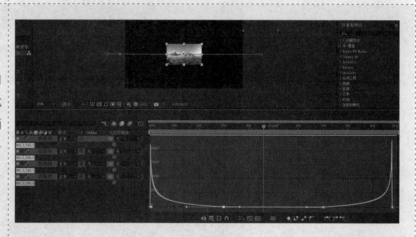

❼选定关键帧，将速度曲线调整为如图所示的形状。此时，每个图层的3段位移动画效果均为先快后慢（进场）→停→先慢后快（出场）。

❽选中 4 个图层并右击，在弹出的快捷菜单中选择"关键帧辅助→序列图层"命令，在弹出的"序列图层"对话框中勾选"重叠"复选框，并单击"确定"按钮。

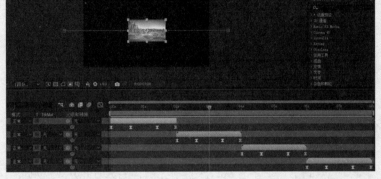

❾选择"合成→合成设置"命令（对应的快捷键为Ctrl+K），在弹出的"合成设置"对话框中将"持续时间"设置为8s，完成4张图片的变速位移动画制作。

📝 任务评价

1. 自我评价

☐ 理解"预合成"的概念

☐ 理解加速运动、减速运动和匀速运动的概念

☐ 可以对多个图层批量添加动画

☐ 设置关键帧"缓动"效果

☐ 看懂"速度曲线"的形状

☐ 掌握"速度图表"的编辑方法

☐ 学会"序列图层"的运用方法

☐ 掌握合成参数的重新设定方法

2. 教师评价

工作页完成情况：☐ 优 ☐ 良 ☐ 合格 ☐ 不合格

模块一 AE 入门

任务五 快捷键

学习领域：AE 基础	班级：	姓名：
	地点：	日期：

💡 任务目标

1. 学会图层上常用快捷键的使用方法。

2. 学会时间轴上常用快捷键的使用方法。

3. 学会其他常用快捷键的使用方法。

4. 制作一个片头动画来对本模块进行小结。

✒️ 任务导入

登录哔哩哔哩，查看与 AE 快捷键操作相关的教学视频，加强理解和记忆。

🔬 任务准备

设计影视动画脚本，并用 AE 制作一个简单的片头动画，从而熟悉快捷键的使用。

🎨 任务实施

步骤	说明或截图
❶在 AE 中新建一个合成，并设置"预设"为"HDV/HDTV 720 25"，时长为 35s。	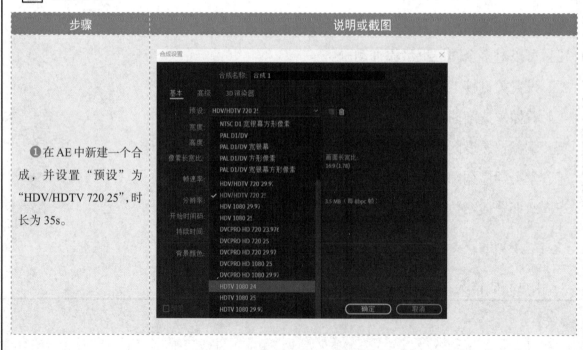

❷ 导入一批图片素材，并将其拖曳至图层中。

❸ 在图层上右击，在弹出的快捷菜单中选择"变换→适合复合"命令（对应的快捷键为 Ctrl+Alt+F），使各层图片素材的尺寸与合成的分辨率相匹配。

❹ 保持所有图层的选定状态，按 S 键展开各层的"缩放"属性，调整其宽度和高度，对图片进行缩小处理。

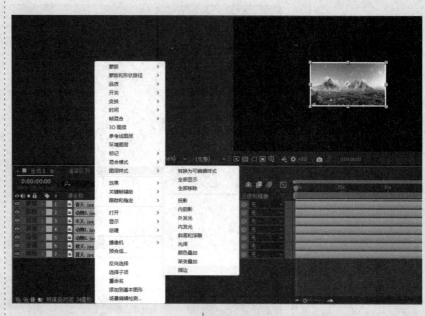

❺ 保持所有图层的选定状态并右击，在弹出的快捷菜单中选择"图层样式→描边"命令。

在"图层样式"中可以调整描边的颜色、大小和位置，也可以为图片加上白色边框。

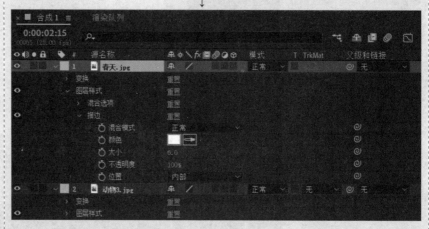

❻ 将当前帧定位在 5s 处，按快捷键 Alt+"]"设置各层的"出点"，使各层时长都保持为 5s。

❼ 保持所有图层的选定状态，单击"缩放"前的"码表"图标，打上 4 个关键帧，制作"从小到大→保持→从大到小" 3 段动画。

按快捷键 Shift+T 展开不透明度关键帧，对应最后一段缩放动画，将不透明度关键帧的值设置为 100%～0%。

选定全部关键帧，按 F9 键，设置"缓动"效果。

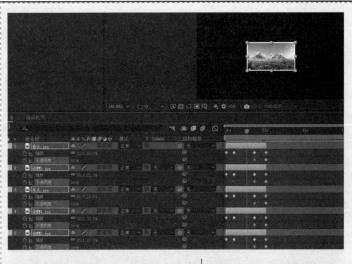

❽ 自下而上选中所有图层并右击，在弹出的快捷菜单中选择"关键帧辅助→序列图层"命令，在弹出的"序列图层"对话框中勾选"重叠"复选框，并将"持续时间"设置为 1s。

将当前帧定位于最右侧图层的结尾，按 N 键设置工作区的结尾。

右击上方的滚动条，在弹出的快捷菜单中选择"将合成修剪至工作区域"命令，完成片头动画的制作。

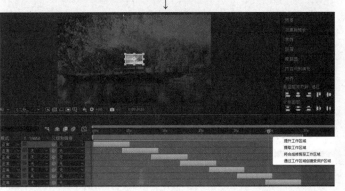

❾AE 中三类常用的快捷键如图所示。

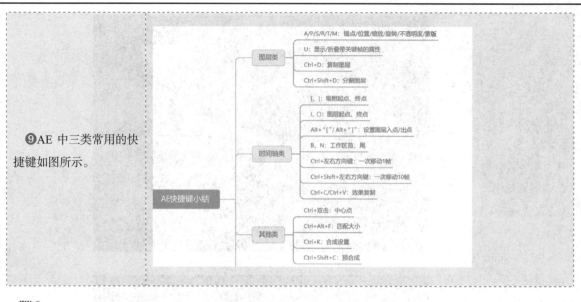

AE快捷键小结

图层类
- A/P/S/R/T/M：锚点/位置/缩放/旋转/不透明度/蒙版
- U：显示/折叠带关键帧的属性
- Ctrl+D：复制图层
- Ctrl+Shift+D：分割图层

时间轴类
- [，]：吸附起点、终点
- I，O：图层起点、终点
- Alt+"["/Alt+"]"：设置图层入点/出点
- B，N：工作区首、尾
- Ctrl+左右方向键：一次移动1帧
- Ctrl+Shift+左右方向键：一次移动10帧
- Ctrl+C/Ctrl+V：效果复制

其他类
- Ctrl+双击：中心点
- Ctrl+Alt+F：匹配大小
- Ctrl+K：合成设置
- Ctrl+Shift+C：预合成

任务评价

1. 自我评价

☐ 掌握 A/P/S/R/T 键的使用方法

☐ 掌握 U 键的使用方法

☐ 掌握 F9 键的使用方法

☐ 掌握快捷键 Ctrl+Alt+F 的使用方法

☐ 掌握快捷键 Alt+"["/Alt+"]"的使用方法

☐ 掌握 B 键、N 键的使用方法

☐ 学会图片描边的方法

☐ 学会"序列图层"命令的使用方法

2. 教师评价

工作页完成情况：☐ 优 ☐ 良 ☐ 合格 ☐ 不合格

模块二

图层与遮罩

任务一　图层类型

	学习领域：AE 图层	班级：	姓名：
		地点：	日期：

💡 任务目标

1. 认识二维图层中的纯色、文本和形状图层。

2. 认识三维图层中的灯光和摄像机图层。

3. 认识空对象图层。

4. 认识调整图层。

🖌 任务导入

分层设计是平面设计的基本原则，要注意 AE 图层和 PS 图层的区别与联系。

🔬 任务准备

预习图层分类及转换，尤其是对三维图层的理解。

📖 任务实施

步骤	说明或截图
❶ 启动 AE，新建一个合成并右击，在弹出的快捷菜单中选择"新建"命令，可以在此创建 AE 的所有图层。	
❷ 新建一个文本图层，并输入一行文本。 在右侧的"字符"面板中可以设置字体、字号、颜色和基线偏移等。	

❸ 新建一个纯色图层，先将其颜色设置为墨绿色，再将其拖曳至文本图层的下方，作为背景使用。

注：纯色图层通常是作为"效果"的承载图层。

❹ 使用"椭圆工具"绘制一个椭圆，从而形成一个形状图层，先将其拖曳至文本图层的下方，然后在"填充选项"对话框中设置为"径向渐变"。

❺ 新建一个调整图层，并在"效果和预设"面板中添加"色相/饱和度"效果。

调整"主色相"，得到如图所示的效果。

❻ 新建一个空对象图层，并通过"父级关联器"将其他图层的父级绑定为空对象。

当空对象图层的属性（如"旋转"）发生改变时，其他图层的属性都会同步发生改变。

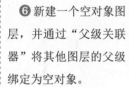

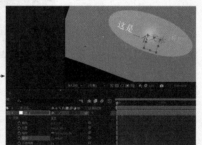

❼ 选中文本图层，单击"立方体"图标将其转换为三维图层，可以通过调整其"变换→旋转"和"几何选项"完成，如图所示。

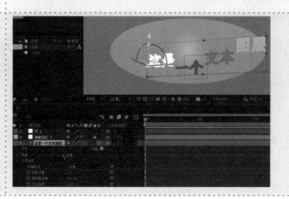

❽ 新建一个灯光图层，并将"灯光类型"设置为"聚光"。

注：灯光效果只对三维图层有效。

❾ 在灯光图层的"灯光选项"中可以调整其"强度""锥形角度"等属性，最终得到如图所示的结果。

❿ 新建一个摄像机图层，使用工具栏中的"摄像机旋转工具"，可以很方便地调整合成的观察视角。

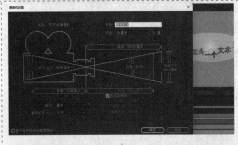

↓

📋 任务评价

1. 自我评价

□ 新建文本图层并了解"字符"面板　　□ 新建纯色图层并自定义背景色

□ 通过形状绘制新建形状图层　　　　□ 新建调整图层并添加预设效果

□ 新建空对象图层并被绑定为"父级"　□ 将文本图层转换为三维图层

□ 新建灯光图层　　　　　　　　　　□ 新建摄像机图层

2. 教师评价

工作页完成情况：□ 优 □ 良 □ 合格 □ 不合格

任务二　图层属性

	学习领域：AE 图层	班级：	姓名：
		地点：	日期：

💡 任务目标

1. 认识图层变换的基本属性。

2. 掌握快捷键 A、P、S、R、T 所对应的图层属性。

3. 制作对象的螺旋运动动画。

4. 掌握图层的复制及缩进操作。

✏️ 任务导入

图层的五大属性是 AE 动画制作的基础，组合使用其功能会更加强大。

🔬 任务准备

理解关键帧动画制作的基本原理。

📋 任务实施

步骤	说明或截图
❶ 启动 AE，新建一个合成，在"项目"面板中导入一张图片，并将其拖曳至图层中。	

❷ 展开图层面板，可见"变换"选项中一共包括 5 个基本属性，分别为"锚点"、"位置"、"缩放"、"旋转"和"不透明度"，对应的快捷键分别为 A、P、S、R、T。这 5 个属性前的"码表"图标表示可以打上关键帧来制作动画。

❸ 在图层面板中对"变换"选项下的属性进行以下调整。

缩放：27。

旋转：2s 间隔打上两个关键帧（0~3），即图片在 2s 内原地旋转 3 圈。

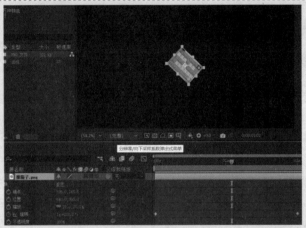

❹ 继续在图层面板中对"变换"选项下的属性进行以下调整。

锚点：2s 间隔打上两个关键帧，垂直向上移动，即图片在 2s 内做螺旋运动。

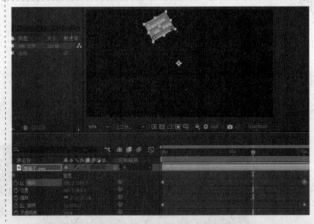

❺ 打开图层"运动模糊"的总开关和分开关，使其产生螺旋动态模糊效果。

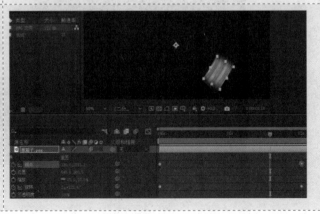

❻ 先按两次快捷键 Ctrl+D, 复制两个图层, 再将其依次缩进 12 帧 (12f), 产生的动态效果如图所示。

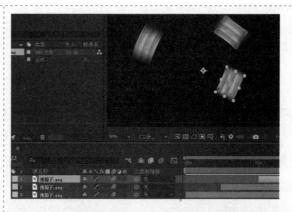

❼ 选中 3 个图层, 按 T 键依次展开各图层的"不透明度"属性, 自下而上分别调整各图层的不透明度为 50、75、100, 从而形成 3 层图片渐隐的螺旋动态效果, 如图所示。

注: 若要同时显示多个图层属性, 则可以按 Shift+属性字母键。

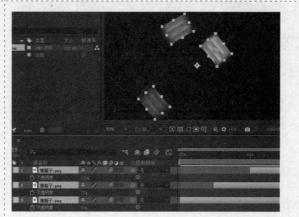

📖 任务评价

1. 自我评价

☐ 图片素材尺寸调整

☐ 图片旋转动画制作

☐ 图片螺旋动画制作

☐ "运动模糊" 效果设置

☐ 图层复制操作

☐ 图层缩进操作

☐ 用快捷键调出单个图层属性

☐ 用快捷键调出多个图层属性

2. 教师评价

工作页完成情况: ☐ 优 ☐ 良 ☐ 合格 ☐ 不合格

任务三　放大镜

	学习领域：AE 图层	班级：	姓名：
		地点：	日期：

💡 任务目标

1. 认识"预合成"。

2. 学会放大镜等形状图层的绘制方法。

3. 认识"属性关联器"。

4. 学会绑定"放大"和"球面化"的中心至放大镜的"位置"。

✒️ 任务导入

学会在 AE 中绘图，并理解使用"关联器"可以降低 AE 多层动画制作的难度。

🔬 任务准备

复习矢量图形的绘制，并在 AE 中实践。

📖 任务实施

步骤	说明或截图
❶ 启动 AE，新建一个合成。先新建一个纯色图层，再新建一个文本图层。	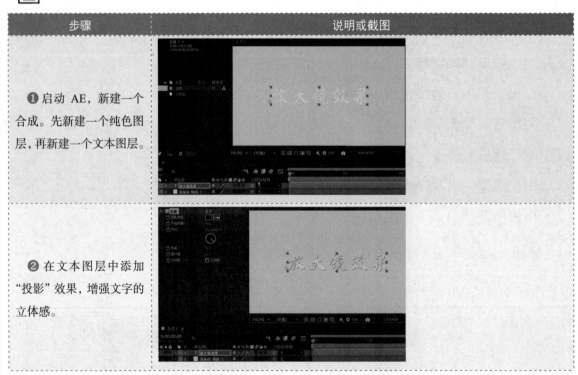
❷ 在文本图层中添加"投影"效果，增强文字的立体感。	

❸ 选定两个图层并右击，在弹出的快捷菜单中选择"预合成"命令，将两个图层进行合并，同时调整为合成大小。

注："预合成"命令对应的快捷键为 Ctrl+Shift+C。

❹ 使用"椭圆工具"和"矩形工具"绘制一个放大镜，并将几何中心确定在圆心。

❺ 选中"放大镜"所在的图层，按 P 键展开其"位置"属性，并单击前面的"码表"图标，打上两个关键帧，制作一段时长为 3s 的运动动画，调整运动轨迹，如图所示。

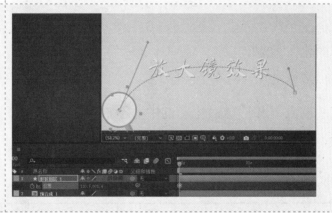

❻ 在预合成图层中添加一个"放大"效果。先展开其图层的"效果→放大"属性，再使用"属性关联器"将"放大"的"中心"绑定至放大镜的"位置"，最后调整"放大率"为140。

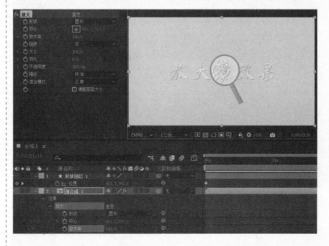

❼ 在预合成图层中再添加一个"球面化"效果。先展开其图层的"效果→球面化"属性,再使用"属性关联器"将"球面中心"也绑定至放大镜的"位置",最后调整"半径"为96,完成放大镜的动态效果制作。

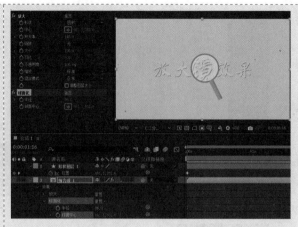

📋 **任务评价**

1. 自我评价

□ 多层"预合成"操作

□ 绘制放大镜

□ 制作放大镜运动动画

□ 调整放大镜运动动画轨迹

□ 添加"放大"效果

□ 添加"球面化"效果

□ 认识"属性关联器"

□ 学会绑定"放大"和"球面化"的中心至放大镜的"位置"

2. 教师评价

工作页完成情况:□ 优 □ 良 □ 合格 □ 不合格

任务四　木偶动画

学习领域：AE 图层	班级：	姓名：
	地点：	日期：

💡 任务目标

1. 学会"Roto 笔刷工具"的使用方法。

2. 学会"Roto 笔刷工具"的调整方法。

3. 学会"人偶位置控点工具"（又称"图钉工具"）的使用方法。

4. 学会"梯度渐变"效果的运用。

✏️ 任务导入

观察木偶动画的形态及运动规律，思考用 AE 来进行制作的方法。

🔬 任务准备

搜集并下载背景为纯色的木偶或卡通图片。

📖 任务实施

步骤	说明或截图
❶启动 AE，在"项目"面板中导入一张图片并右击，在弹出的快捷菜单中选择"基于所选项新建合成"命令，也可以将此图片拖曳至"新建合成"按钮，从而创建一个新的合成。	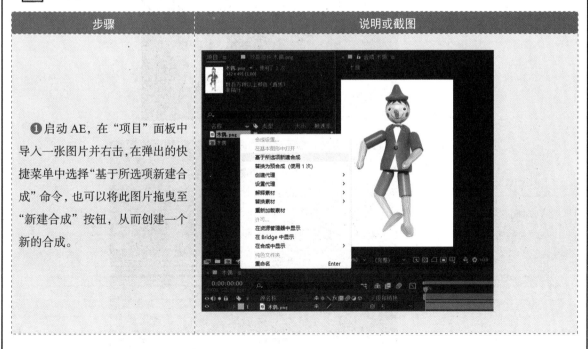

❷双击图片进入图层面板,使用工具栏中的"Roto 笔刷工具"选中卡通人物。

注:按住 Ctrl+鼠标左键可以调整笔刷大小;按住 Alt 键可以减少选区。

❸返回合成图层,单击"切换透明网格"按钮。可以看到,图片已完成"去背"处理。

❹使用工具栏中的"人偶位置控点工具",可以对木偶添加若干个操控点,准备进行动画制作。

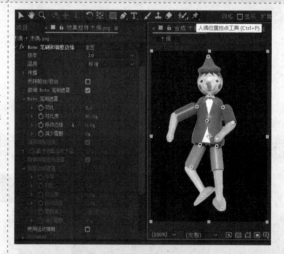

❺在时间轴上移动"当前时间指示器"至不同的位置,然后调整操控点,即改变木偶的形态,从而形成动画效果。

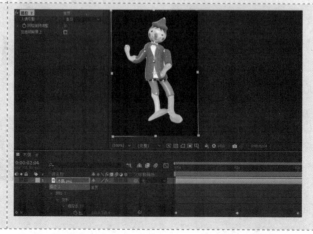

❻选中时间轴上的关键帧并右击，在弹出的快捷菜单中选择"关键帧辅助→缓动"命令，使动画效果更加自然。

注：关键帧缓动的快捷键为F9。

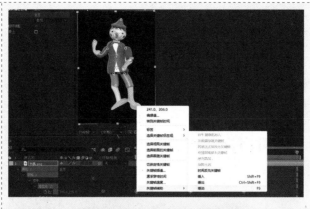

❼新建一个纯色图层，先将其拖曳至木偶图片的下方，再添加"梯度渐变"效果，完成最终的效果制作。

📒 任务评价

1. 自我评价

☐ 从合成面板进入图层面板

☐ 了解"Roto 笔刷工具"的应用场景

☐ Roto 增/减选区操作

☐ Roto 笔触大小调整

☐ 添加操控点

☐ 设置操控点（添加关键帧）

☐ 掌握 F9 键的使用

☐ 添加"梯度渐变"效果

2. 教师评价

工作页完成情况：☐ 优 ☐ 良 ☐ 合格 ☐ 不合格

任务五　百叶窗

学习领域：AE 遮罩	班级：	姓名：
	地点：	日期：

💡 任务目标

1. 能将素材尺寸与合成大小相匹配。

2. 学会设置百叶窗转场动画。

3. 学会添加百叶窗边框效果。

4. 学会设置边框延伸动画。

🖊 任务导入

设置两段素材之间的转场是制作视频特效的重要部分，注意举一反三。

🔬 任务准备

准备两段视频素材，供"转场"设置使用。

📖 任务实施

步骤	说明或截图
❶启动 AE，新建一个合成。在"项目"面板中导入两段视频素材，将其拖曳至图层面板并右击，在弹出的快捷菜单中选择"变换→适合复合"命令，使素材尺寸与合成大小相匹配。	
❷将素材在 2s 处重叠，选中"水面"素材，添加"百叶窗"效果。	

❸定位在 2s 处,在"效果控件"面板中单击"百叶窗→过渡完成"前的"码表"图标,打上两个关键帧,参数设置如下。

宽度:80。

过渡完成:0~100%。

从而形成垂直百叶窗转场动画效果,如图所示。

❹在"效果控件"面板中设置"百叶窗"效果中的"方向"数值为 90,从而形成水平百叶窗转场动画效果,如图所示。

❺双击"矩形工具",新建一个与合成等大的形状图层,并去除"填充",将"描边"数值设置为 32,颜色为白色,添加边框效果。

❻为边框添加"百叶窗"效果,并在"效果控件"面板中设置参数如下。

过渡完成:50%。

方向:45°。

从而形成如图所示的边框效果。

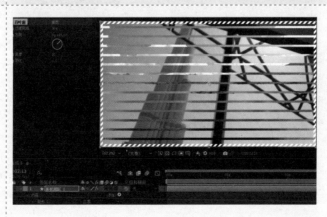

❼ 展开图层"内容",选择"添加→修剪路径"命令，在"结束"项上打上两个关键帧，并设置数值为 0～100，从而形成边框延伸的动画效果。

📋 **任务评价**

1. 自我评价

☐ 将素材尺寸与合成大小相匹配

☐ 将素材区域重叠

☐ 添加"百叶窗"效果

☐ 设置垂直百叶窗转场动画

☐ 设置水平百叶窗转场动画

☐ 添加合成边框

☐ 制作条纹边框

☐ 设置边框延伸动画

2. 教师评价

工作页完成情况：☐ 优 ☐ 良 ☐ 合格 ☐ 不合格

任务六　涟漪

	学习领域：AE 遮罩	班级：	姓名：
		地点：	日期：

💡 任务目标

1. 掌握"波形环境"效果中的参数设置。

2. 了解"预合成"是添加某些效果的前提。

3. 学会"CC Glass"效果的运用。

4. 了解与"三色调"类似的调色效果。

🖊 任务导入

观摩抖音、哔哩哔哩中相关的 AE 涟漪类作品，了解此类作品多样化的制作方法。

🔬 任务准备

梳理 AE 调光、调色类效果，为实际运用打下基础。

📖 任务实施

步骤	说明或截图
❶启动 AE，先新建一个合成，再新建一个纯色图层，并添加"波形环境"效果。	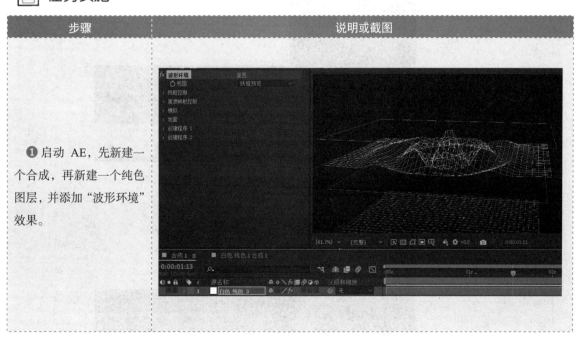

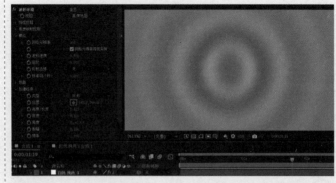

❷在"效果控件"面板中对"波形环境"效果中的参数进行如下设置。

视图：高度地图。

网格分辨率：203。

波形速度：0.51。

高度/长度：0.115。

振幅：0.28。

❸在图层上右击，在弹出的快捷菜单中选择"预合成"命令。

注："预合成"命令对应的快捷键为 Ctrl+Shift+C，但有时会和系统输入法产生冲突而导致无法使用。

❹再新建一个纯色图层，并添加"CC Glass"效果。

❺在"效果控件"面板中对"CC Glass"效果中的参数进行如下调整。

Bump Map：预合成的图层。

Softness：20。

Height：100。

Displacement：-100。

效果如图所示。

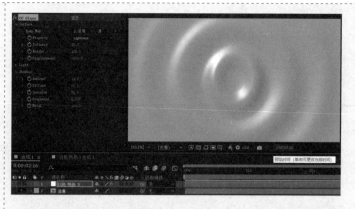

❻ 继续在"效果控件"面板中对"CC Glass"效果中的参数进行如下调整。

Ambient：14。

完成涟漪的基本效果制作。

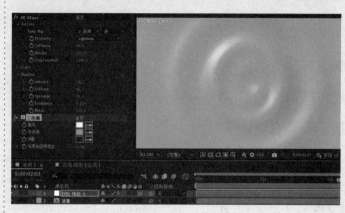

❼ 添加"三色调"效果，并在"效果控件"面板中对"高光"、"中间调"和"阴影"的颜色进行设置，如图所示，完成最终的效果制作。

📝 任务评价

1. 自我评价

☐ 了解"预合成"是添加某些效果的前提

☐ 了解"波形环境"效果中的"视图"参数

☐ 了解"波形环境"效果中的"模拟"参数

☐ 了解"波形环境"效果中的"创建程序"参数

☐ "CC Glass"凹凸面设置

☐ "CC Glass"氛围设置

☐ "三色调"效果设置

☐ 与"三色调"类似的颜色设置

2. 教师评价

工作页完成情况：☐ 优 ☐ 良 ☐ 合格 ☐ 不合格

任务七 卷轴动画

	学习领域：AE 遮罩	班级：	姓名：
		地点：	日期：

💡 任务目标

1. 了解基于图片的蒙版制作。

2. 掌握"蒙版路径"的关键帧动画。

3. 学会绘制卷轴类的图形形状。

4. 协调遮罩动画与位移动画的同步。

✏️ 任务导入

卷轴动画是 AE 经典的动画类型，应用非常广泛，要掌握其制作技巧。

🔬 任务准备

搜集并下载制作卷轴的图片。

📋 任务实施

步骤	说明或截图
❶ 启动 AE，在"项目"面板中导入一张图片，并将其拖曳至图层中，新建一个合成。 按 S 键展开其"缩放"属性，将图片缩放至 71%。	
❷ 新建一个纯色图层，先将其颜色设置为淡黄色，再将其拖曳至图片所在的图层下方。	

❸ 选中图片所在的图层并右击，在弹出的快捷菜单中选择"蒙版→新建蒙版"命令，为图片创建一个等大的遮罩。

❹ 先按快捷键 Ctrl+R 显示标尺，再拉出 3 根辅助线，分别位于图片的左、中、右。

❺ 单击"蒙版路径"前的"码表"图标，在时间轴上打上 4 个关键帧，并使用"选取工具"分别选中图片蒙版两侧的节点，制作"展开→停止→收拢"3 段动画。

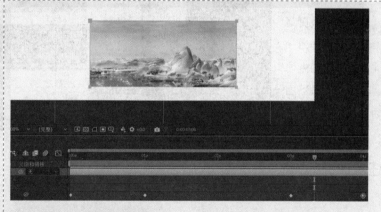

❻ 新建一个形状图层，使用"矩形工具"绘制两个矩形，并制作成一个单边左卷轴，如图所示。

❼ 与图片的 3 段动画相对应，制作"向左→停留→向右"3 段位移动画，如图所示。

❽ 按快捷键 Ctrl+D 复制图层，只要将中间两个关键帧调整至右侧，即可完成单边右卷轴的运动动画制作。

❾ 选中两个卷轴图层和图片图层上所有的关键帧并右击，在弹出的快捷菜单中选择"关键帧辅助→缓动"命令，使动画由匀速到变速，动画效果更加自然、协调。

📋 任务评价

1. 自我评价

☐ 基于图片素材新建蒙版　　　☐ 显示/隐藏标尺

☐ 添加辅助线　　　　　　　　☐ 选择"蒙版路径"的节点并调整

☐ 针对"蒙版路径"制作动画　☐ 卷轴的绘制

☐ 单边卷轴动画制作　　　　　☐ 设置关键帧"缓动"效果

2. 教师评价

工作页完成情况：☐ 优　☐ 良　☐ 合格　☐ 不合格

模块三

文本层

任务一 手写字

学习领域：文字动画	班级：	姓名：
	地点：	日期：

💡 任务目标

1. 学会使用"动画预设→Backgrounds"快速制作动态背景。

2. 学会使用"钢笔工具"在一个图层中绘制蒙版或路径。

3. 学会使用"描边"制作动画效果。

4. 学会使用"修剪路径"制作动画效果。

✒ 任务导入

手写字动画有多种制作方式，要大胆尝试，找到其中的规律。

🔬 任务准备

手写字动画制作起来比较烦琐，在制作过程中要有足够的耐心。

📒 任务实施

步骤	说明或截图
❶ 启动 AE，先新建一个合成，再新建一个纯色图层，并添加"动画预设→Backgrounds→雾化灯"效果，快速完成一个动态背景制作。	

❷ 使用"文字工具"输入一行文本。

❸ 保持文本图层的选定状态，使用"钢笔工具"绘制一个文字蒙版，如图所示。

❹ 在"效果控件"面板中添加"描边"效果，并设置参数如下。

所有蒙版：勾选。

顺序描边：勾选。

画笔大小：34.4。

绘画样式：显示原始图像。

❺ 间隔一定时长，分别在"画笔大小""结束"项上打上两个关键帧，完成手写字动画效果制作。

❻ 制作 AE 手写字动画的另一种做法如下。

先使用"钢笔工具"绘制文字形状，再调整"描边"的"线段端点"为"圆头端点"，"线段连接"为"圆角连接"。

❼ 添加"修剪路径"效果，并单击"结束"前的"码表"图标，在一定时间间隔内打上两个关键帧，同时设置关键帧的数值为 0～100，完成手写字动画效果制作。

📋 任务评价

1. 自我评价

□ 了解"动画预设→Backgrounds"　　□ 使用"钢笔工具"在一个图层中绘制蒙版

□ 学会设置"描边→画笔大小"　　　　□ 学会设置"描边→绘画样式"

□ 学会设置"描边→结束"动画　　　　□ 使用"钢笔工具"绘制路径

□ 调整线段的圆头、圆角　　　　　　□ 使用"修剪路径"制作手写字动画效果

2. 教师评价

工作页完成情况：□ 优　□ 良　□ 合格　□ 不合格

任务二　环环相扣

学习领域：文字动画	班级：	姓名：
	地点：	日期：

💡 任务目标

1. 学会使用合成嵌套。

2. 学会使用"CC Cylinder"效果。

3. 熟练使用"三色调"效果更改颜色。

4. 利用图层的层叠关系制作环环相扣的动画效果。

🖊 任务导入

要制作环环相扣的动画效果，先要弄清楚图层的层叠关系，然后正确地配合"CC Cylinder"效果加以应用即可。

🔬 任务准备

观摩环环相扣类影视作品，加强空间想象力。

📖 任务实施

步骤	说明或截图
❶ 启动 AE，新建大、小两个合成，并分别命名为总合成、子合成，准备进行合成嵌套。	

❷ 在子合成中双击矩形，得到一个与合成等大的形状，并填充颜色。

使用"文字工具"输入一行文本。

选中两个图层，并在"对齐"面板中进行水平、垂直居中。

❸ 在总合成中导入子合成，实现合成嵌套。右击子合成，在弹出的快捷菜单中选择"预合成"命令，对子合成进行预合成。

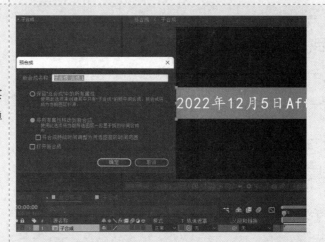

❹ 添加"CC Cylinder"效果，并在"效果控件"面板中对其参数进行如下调整。

Radius：121。

Rotation X：25°。

Render：Full。

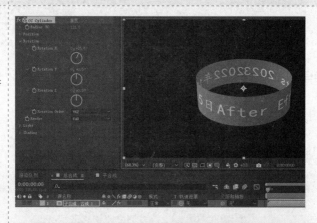

❺ 在"效果控件"面板中对"CC Cylinder→Rotation Y"打上两个关键帧，制作一个绕 Y 轴旋转的动画。

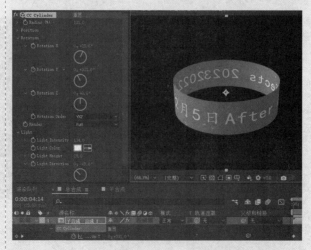

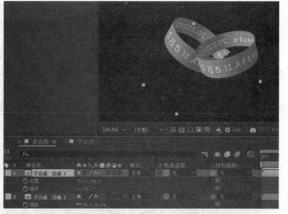

❻按快捷键 Ctrl+D 复制图层，并调整两个图层的旋转角度，便于两两相扣。

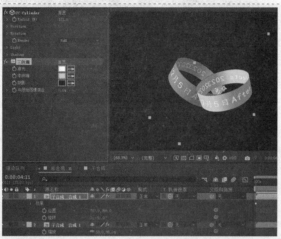

❼添加"三色调"效果，并在"效果控件"面板中将"三色调→中间调"的颜色设置为"绿色"。

❽按快捷键 Ctrl+D 继续复制图层，并将两个图层的"Render"参数分别设置为"Outside"和"Inside"。

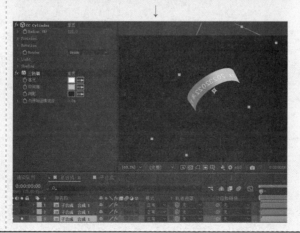

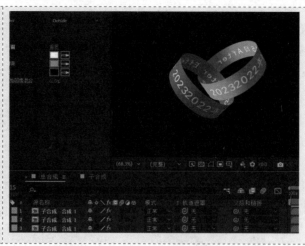

❾ 将"Render"参数为"Inside"的图层放于最底层,完成两个环相扣的动画效果制作。

📋 任务评价

1. 自我评价

☐ 使用合成嵌套

☐ 制作带背景的文字环

☐ 学会设置"CC Cylinder→Rotation"

☐ 学会设置"CC Cylinder→Rotation→Render"

☐ 使用"三色调"效果调整文字环的颜色

☐ 内、外文字环拆解

☐ 调整图层的位置和旋转属性

☐ 实现环环相扣的动画效果

2. 教师评价

工作页完成情况:☐ 优 ☐ 良 ☐ 合格 ☐ 不合格

任务三　时间置换文字

	学习领域：文字动画	班级：		姓名：	
		地点：		日期：	

💡 任务目标

1. 学会使用"速度曲线"调整速度。

2. 学会使用"分形杂色"效果制作条状分形图层。

3. 了解"时间置换"效果应用的前提，并掌握其使用方法。

4. 了解"设置通道"效果应用的前提，并掌握其使用方法。

✏️ 任务导入

"时间置换"往往需要两个图层配合使用，其基本原理是根据灰度颜色的变化而产生动效。

🔬 任务准备

"时间置换"类动效作品都比较酷炫，操作起来也相对抽象和麻烦，要用精益求精的工匠精神去打造有灵魂的作品。

📖 任务实施

步骤	说明或截图
❶启动 AE,先新建一个合成,再使用"文字工具"输入一行文本。	

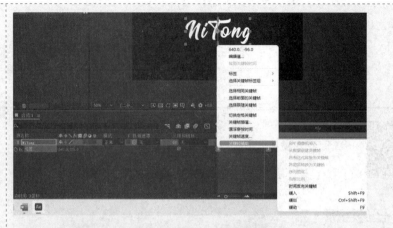

❷按 P 键展开其"位置"属性，在 3s 间隔内打上 4 个关键帧，制作"进→停→出"3 段动画。

选中全部关键帧，按 F9 键进行"缓动"。

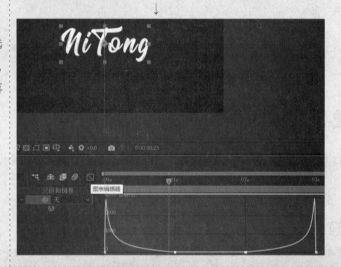

❸单击"图表编辑器"按钮，在弹出的菜单中选择"编辑速度图表"命令，调节速度曲线由快至慢再由慢至快，如图所示。

❹新建一个纯色图层，并添加"分形杂色"效果，在"效果控件"面板中设置参数如下。

分形类型：最大值。

杂色类型：块。

缩放宽度：20。

缩放高度：2520。

❺ 右击图层，在弹出的快捷菜单中选择"预合成"命令。

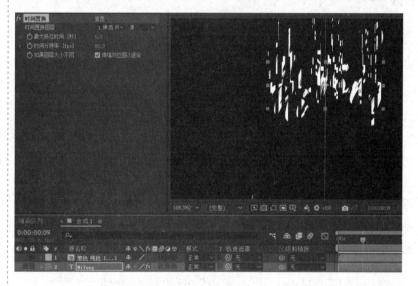

❻ 选中文本图层，添加"时间置换"效果，并将"时间置换图层"设置为预合成图层。

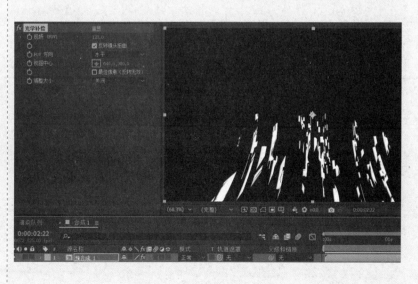

❼ 选中两个图层，进行"预合成"操作。继续添加"光学补偿"效果，并设置参数如下。

视场（FOV）：120。

反转镜头扭曲：勾选。

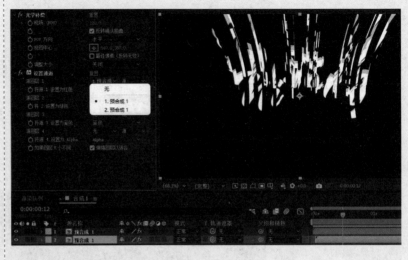

❽选中下方图层，缩进 1 帧。继续添加"设置通道"效果，并将"源图层 1"设置为"1.预合成 1"，即上方图层，完成最终的效果制作。

📋 任务评价

1. 自我评价

□ 使用"速度曲线"调整速度

□ 使用"分形杂色"效果制作灰度长条状图层

□ 了解"时间置换"效果应用的前提

□ 使用"时间置换"效果设置文字"分形"

□ 了解"光学补偿"效果应用的前提

□ 使用"光学补偿"制作扭曲效果

□ 了解"设置通道"效果应用的前提

□ 学会图层缩进与"设置通道"效果的配合使用

2. 教师评价

工作页完成情况：□ 优 □ 良 □ 合格 □ 不合格

任务四　文字破碎

学习领域：文字动画	班级：	姓名：
	地点：	日期：

💡 任务目标

1. 将"CC Pixel Polly"效果应用于文字。

2. 学会制作文字"破碎"动画。

3. 学会制作文字"聚合"动画。

4. 将"CC Pixel Polly"效果应用于图片。

✏️ 任务导入

文字的"破碎"与"聚合"动画常用于片头、片尾及字幕设计，需要熟练掌握。

🔬 任务准备

观摩影视作品中的片头文字动效，掌握此类文字动画的制作方法。

📖 任务实施

步骤	说明或截图
❶ 启动 AE，新建一个合成，并使用"文字工具"输入一行文本。	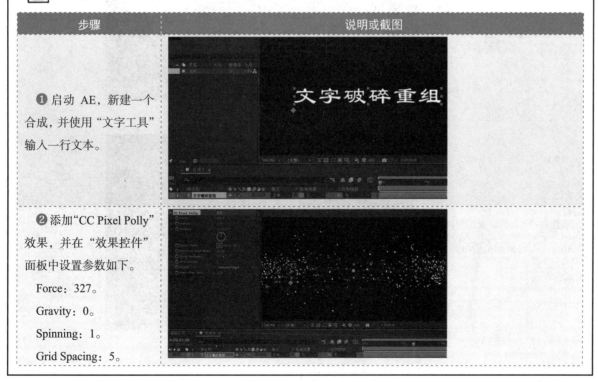
❷ 添加"CC Pixel Polly"效果，并在"效果控件"面板中设置参数如下。 Force：327。 Gravity：0。 Spinning：1。 Grid Spacing：5。	

❸ 按快捷键 Ctrl+D 复制图层，并在"效果控件"面板中将"Grid Spacing"的值调整为 15，使产生的"碎片"更大。

❹ 选中两个图层并右击，在弹出的快捷菜单中选择"预合成"命令。

按快捷键 Ctrl+D 复制图层并右击，在弹出的快捷菜单中选择"时间→时间反向图层"命令。

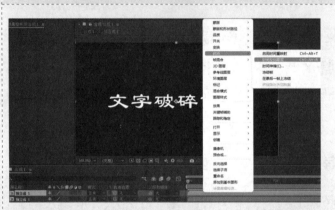

❺ 添加"三色调"效果，并在"效果控件"面板中将文字颜色设置为黄色。

❻ 在 2.5s 的位置按快捷键 Alt+"["，保留图层的后半段。

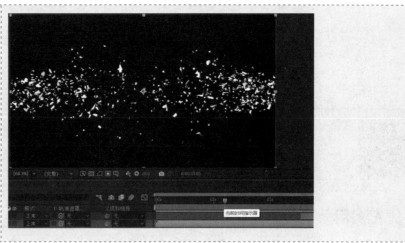

❼ 前半段白色文字"破碎"和后半段黄色文字"聚合"的动效制作完成。

📋 任务评价

1. 自我评价

☐ 添加"CC Pixel Polly"效果

☐ 设置文字"破碎"的开始时间

☐ 设置文字"碎片"的大小

☐ 设置文字"碎片"的旋转

☐ 制作多层文字"碎片"

☐ 添加"时间反向图层"

☐ 切断图层操作

☐ 尝试在图片上添加"CC Pixel Polly"效果

2. 教师评价

工作页完成情况：☐ 优 ☐ 良 ☐ 合格 ☐ 不合格

任务五　文字雨

学习领域：文字动画	班级：	姓名：
	地点：	日期：

💡 任务目标

1. 学会设置"粒子运动场"效果。

2. 学会"编辑发射文字"。

3. 学会设置"残影"效果。

4. 学会设置"定向模糊"效果。

🖋 任务导入

"粒子运动场"是 AE 内置的特效，是专业外挂粒子插件"Particular"的精简版。

🔬 任务准备

除了打开图层"运动模糊"开关，还要学习制作运动模糊动效的新方法。

📖 任务实施

步骤	说明或截图
❶ 启动 AE，新建一个纯色图层，并添加"粒子运动场"效果。	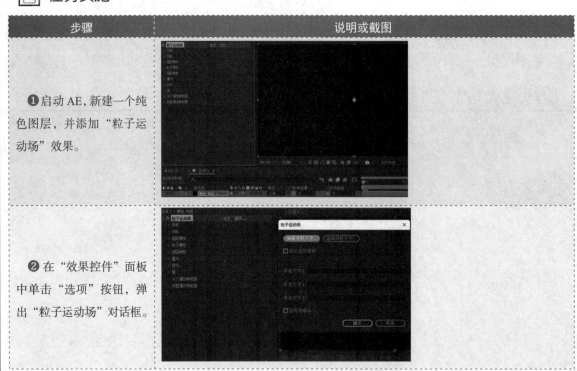
❷ 在"效果控件"面板中单击"选项"按钮，弹出"粒子运动场"对话框。	

❸单击"编辑发射文字"按钮，在弹出的对话框中输入文本后，单击"确定"按钮。

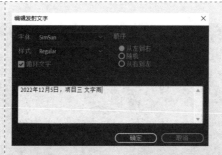

❹在"效果控件"面板中对"粒子运动场"效果中的相关参数进行如下设置。

圆筒半径：640。

每秒粒子数：19。

颜色：绿色。

力：150。

方向：180°。

❺对图层进行"预合成"操作。

添加"残影"效果，准备做垂直方向的动态跟随。

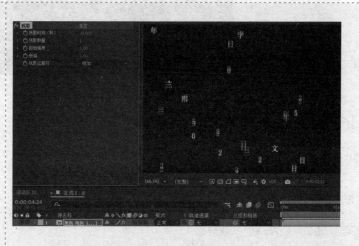

❻在"效果控件"面板中对"残影"效果中的相关参数进行如下设置。

残影时间（秒）：-0.033。

残影数量：15。

衰减：0.7。

残影运算符：从后至前组合。

❼ 按快捷键 Ctrl+D 复制图层。隐藏上方图层，选中下方图层，并添加"定向模糊"效果。

在"效果控件"面板中对"定向模糊"效果中的相关参数进行如下设置。

方向：0°。

模糊长度：100。

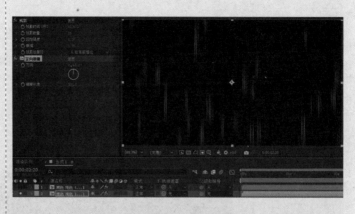

❽ 显示上方图层，完成最终的效果制作。

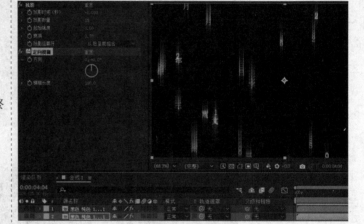

📝 **任务评价**

1. 自我评价

☐ 了解"粒子动画"

☐ 设置"粒子运动场"效果

☐ 学会"编辑发射文字"

☐ 设置字体

☐ 设置字号、颜色

☐ 制作文字雨动效

☐ 设置"残影"效果

☐ 设置"定向模糊"效果

2. 教师评价

工作页完成情况：☐ 优 ☐ 良 ☐ 合格 ☐ 不合格

任务六　粒子文字

	学习领域：文字动画	班级：	姓名：
		地点：	日期：

任务目标

1. 了解"Particular"外挂插件。

2. 学会粒子"精灵控制"图层的构造。

3. 学会设置"Particular→发射器"。

4. 学会设置"Particular→粒子"。

任务导入

在哔哩哔哩和抖音上观摩粒子类动画作品，体会此类作品艺术的精湛。

任务准备

搜集并下载与数字城市相关联的图片素材。

任务实施

步骤	说明或截图
❶启动 AE，在"项目"面板中导入一张图片，并基于此图片新建一个合成。	

❷新建一个纯色图层，并添加"Particular"效果，准备制作粒子文字，同时将图片所在的图层隐藏。

❸在"效果控件"面板中对"Particular→发射器"中的主要参数进行如下设置。

发射器类型：盒子。

粒子/秒：30。

发射器 X 大小：1920。

方向：方向。

X 旋转：90°。

❹再新建一个子合成，并将"宽度"和"高度"均设置为100px，准备作为粒子"精灵控制"图层。

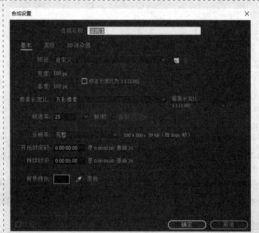

❺间隔 1 帧，错位排列，输入一个字符，用于"精灵控制"图层。

返回主合成，将其拖曳至粒子图层的下方并隐藏。

⑥ 在"效果控件"面板中对"Particular→粒子"中的主要参数进行如下设置。

粒子类型：精灵。

图层：隐藏的子合成。

大小：30。

大小随机：100。

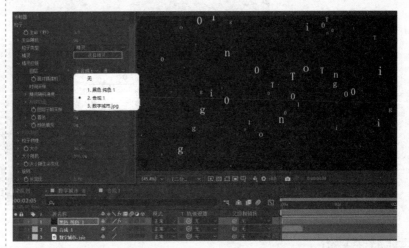

⑦ 继续在"效果控件"面板中对"Particular→粒子"中的主要参数进行如下设置。

着色：20。

生命不透明度：如图所示。

颜色：蓝色。

⑧ 按快捷键 Ctrl+D 复制粒子图层。选中下方的粒子图层，添加"定向模糊"和"发光"效果，如图所示。

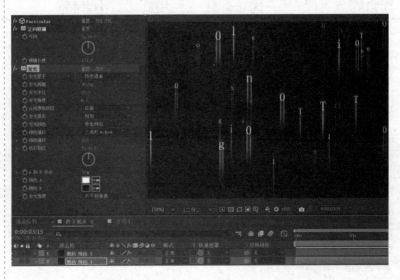

❾ 显示隐藏的图片图层，完成最终的动态粒子文字效果制作。

任务评价

1. 自我评价

☐ 了解"Particular"外挂插件

☐ 了解"Particular"外挂插件的安装方法

☐ 构造粒子"精灵控制"图层

☐ 学会设置"Particular→发射器"

☐ 学会设置"Particular→粒子"

☐ 粒子"颜色"调整

☐ 粒子"生命不透明度"调整

2. 教师评价

工作页完成情况：☐ 优　☐ 良　☐ 合格　☐ 不合格

模块四

形状图层

任务一　风车

学习领域：MG 动画	班级：	姓名：
	地点：	日期：

💡 任务目标

1. 学会形状的绘制及移动。

2. 通过"合并路径"进行布尔运算。

3. 掌握形状集的"群组"操作。

4. 开发 AE 的绘图功能，避免软件间的导入、导出操作，提高作业效率。

✍ 任务导入

登录抖音、哔哩哔哩等相关网站，观摩形变类影视作品，掌握其制作技巧。

🔬 任务准备

复习矢量图形的布尔运算。

📋 任务实施

步骤	说明或截图
❶ 在 AE 中新建一个合成，先使用"椭圆工具"绘制一个正圆,再使用"矩形工具"绘制一个矩形。	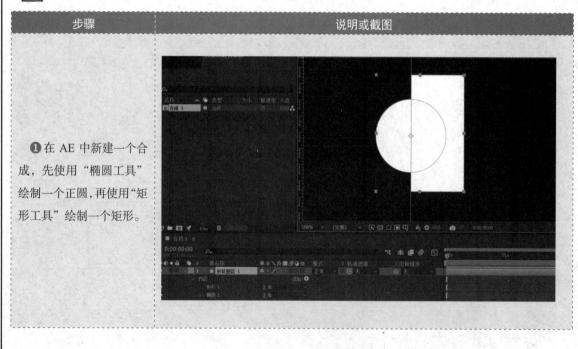

❷ 展开图层"内容",选择"添加→合并路径"命令,准备对椭圆和矩形进行布尔运算。

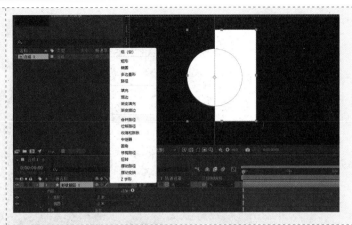

❸ 在"合并路径"选项中设置"模式"为"相交",得到1/2 正圆。

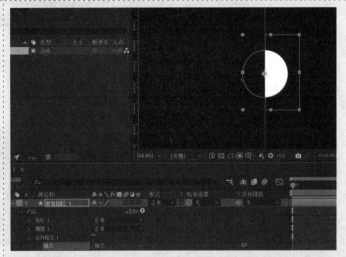

❹ 同时选中矩形和椭圆并右击,在弹出的快捷菜单中选择"组合形状"命令,将两个形状进行"群组"。

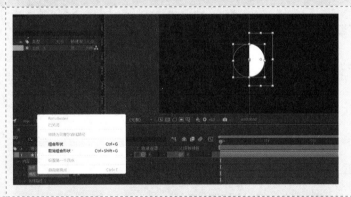

❺ 将"锚点"移动到底部,按快捷键 Ctrl+D 复制一层。

按 R 键展开图层的"旋转"属性,并输入数值 90,如图所示。

注:移动"锚点"的按键为 Y,对齐"锚点"的快捷键为 Ctrl+Alt+Home。

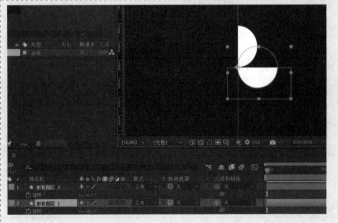

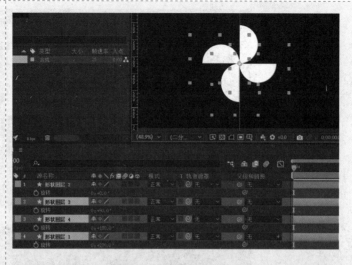

❻继续按快捷键 Ctrl+D 复制两次图层。

按 R 键展开图层的"旋转"属性，并分别输入数值 180、270，如图所示。

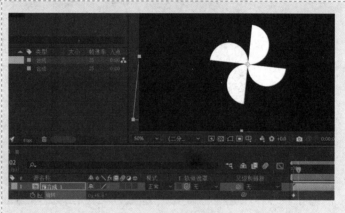

❼先将 4 个图层全部选中，再进行"预合成"操作。

将"锚点"移至风车的中心点，按 R 键展开图层的"旋转"属性，间隔一定的时长，打上两个关键帧，完成风车的旋转动画制作。

📝 任务评价

1. 自我评价

☐ 边绘制、边移动形状

☐ 了解"合并路径"操作的应用范围

☐ 掌握多个形状的"群组"操作

☐ 了解对齐"锚点"的快捷键

☐ 了解移动"锚点"的按键

☐ 对象的顺时针旋转

☐ 对象的逆时针旋转

☐ 思考如何不用打关键帧来实现对象的旋转

2. 教师评价

工作页完成情况：☐ 优 ☐ 良 ☐ 合格 ☐ 不合格

任务二　形变动画

学习领域：MG 动画	班级：	姓名：
	地点：	日期：

💡 任务目标

1. 指定中心点绘制形状。

2. 将形状转换为贝塞尔曲线。

3. 掌握路径的复制和粘贴操作。

4. 注意与 Animate 软件的形变动画进行类比。

🖋 任务导入

登录抖音、哔哩哔哩等相关网站，观摩 AE 形变类作品，掌握其制作技巧。

🔬 任务准备

思考形变动画和运动动画的区别与联系。

📖 任务实施

步骤	说明或截图
❶在 AE 中新建一个合成，并使用"矩形工具"绘制一个正方形，取消填充，保持描边。 选中正方形，在"对齐"面板中设置左对齐、垂直对齐。	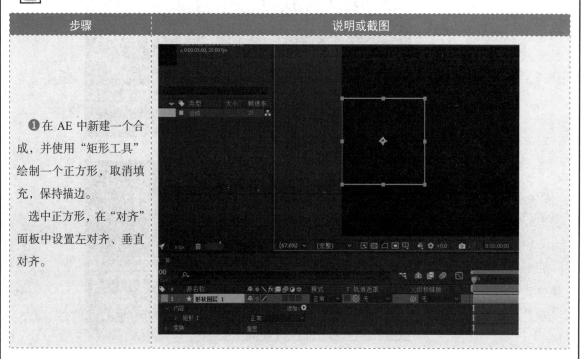

❷ 展开图层面板，选中"矩形路径"并右击，在弹出的快捷菜单中选择"转换为贝塞尔曲线路径"命令。

❸ 使用"椭圆工具"的同时按住快捷键 Ctrl+Shift，可以绘制一个指定中心点的正圆。

选中"椭圆路径"并右击，在弹出的快捷菜单中选择"转换为贝塞尔曲线路径"命令。

❹ 选中"椭圆路径"，先使用"选取工具"将其移动至合成的右侧，再按快捷键 Ctrl+C 复制"椭圆路径"。

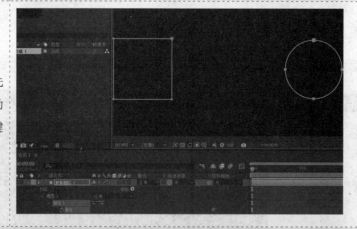

❺ 展开矩形"路径"，单击其前的"码表"图标，打上一个关键帧。

间隔一定的时长，按快捷键 Ctrl+V 将"椭圆路径"粘贴至此。

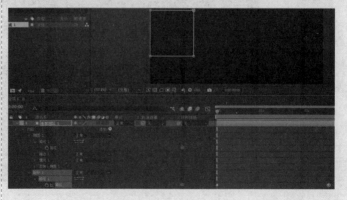

❻ 隐藏"正圆"形状，按空格键预览，可见从矩形到正圆的形状变化。

❼ 若对"矩形"进行填充，则同样可以实现从矩形到正圆的形状变化，如图所示。

📝 任务评价

1. 自我评价

☐ 指定中心点绘制正方形

☐ 指定中心点绘制正圆

☐ 将形状转换为贝塞尔曲线

☐ 复制"路径"操作

☐ 粘贴"路径"操作

☐ 形变的关键帧动画设置

☐ 从矩形到正圆的轮廓及填充变形

☐ 思考形变动画与运动动画的区别

2. 教师评价

工作页完成情况：☐ 优 ☐ 良 ☐ 合格 ☐ 不合格

任务三　环绕

学习领域：MG 动画	班级：	姓名：
	地点：	日期：

💡 任务目标

1. 使用"分形杂色"效果制作"地表"。

2. 使用"修剪路径"制作线段的运动动画。

3. 掌握"设置遮罩"效果。

4. 组合使用"设置遮罩"和"线性擦除"效果，完成环绕球体的动画制作。

🖊 任务导入

登录抖音、哔哩哔哩等相关网站，观摩 AE 环绕类动画作品，掌握其制作技巧。

🔬 任务准备

构建两个图层，并提前熟悉"图层遮罩"与"设置遮罩"操作。

📒 任务实施

步骤	说明或截图
❶ 启动 AE，新建一个纯色图层，并添加"分形杂色"效果。 在"效果控件"面板中调整"亮度"和"对比度"的值。 单击"演化"前的"码表"图标，制作一段关键帧动画，如图所示。	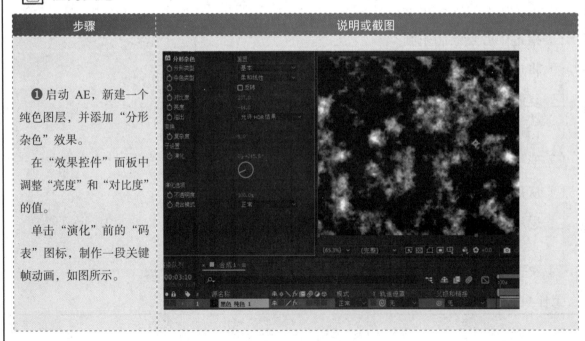

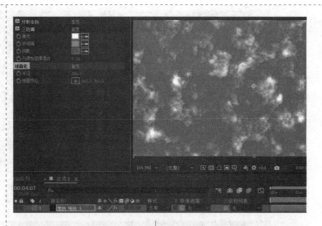

❷ 添加 "三色调" 效果，并设置 "高光"、"中间调" 和 "阴影" 的颜色。

添加 "球面化" 效果，并设置 "半径" 为 166。

绘制一个与 "球面化" 半径等大的正圆蒙版，从而形成一个动态球体。

❸ 使用 "钢笔工具" 绘制一个形状路径，并调整其 "锥度" 数值，如图所示。

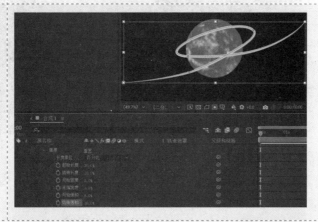

❹ 展开图层 "内容"，选择 "添加→修剪路径" 命令，在 "开始" "结束" 项上打上关键帧，制作一条线段的运动动画。

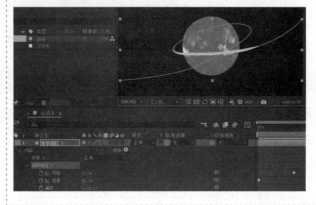

❺ 选中球体和形状图层，按快捷键 Ctrl+D 复制一份，并对球体所在的图层进行"预合成"操作。

选中形状图层，添加"设置遮罩"效果，并将"从图层获取遮罩"设置为刚预合成的图层。

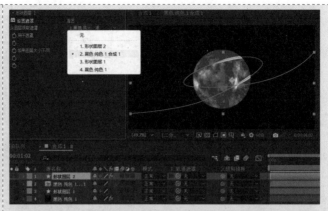

❻ 添加"线性擦除"效果，并在"效果控件"面板中调整参数如下。

过渡完成：54%。

擦除角度：-21°。

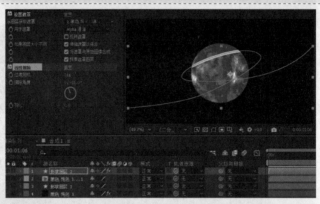

❼ 最终完成线段环绕球体的运动动画制作，如图所示。

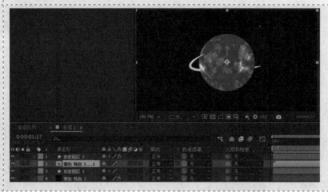

📋 任务评价

1. 自我评价

☐ 使用"分形杂色"效果制作"地表"　　☐ 使用"三色调"效果调整"地表"颜色

☐ 使用"球面化"效果制作球体　　☐ 调整形状的"锥度"数值

☐ 使用"修剪路径"制作线段的运动动画　　☐ 了解"设置遮罩"效果的应用范围

☐ 使用"设置遮罩"效果制作环绕动画　　☐ 拓展"设置遮罩"效果的应用领域

2. 教师评价

工作页完成情况：☐ 优　☐ 良　☐ 合格　☐ 不合格

任务四　柔性摆动

学习领域：MG 动画	班级：	姓名：
	地点：	日期：

任务目标

1. 学会使用"钢笔工具"进行鼠绘。

2. 学会对"多边形"形状进行"变形"。

3. 掌握"CC Bend It"效果功能面板中的参数调整。

4. 组合使用"旋转"和"弯曲"效果，制作更加逼真的影视动画。

任务导入

登录抖音、哔哩哔哩等相关网站，观摩 AE 弯曲类作品，分析其制作方法。

任务准备

借鉴 Illustrator 等软件掌握形状"弯曲"效果的制作方法，提高 AE 鼠绘的效率。

任务实施

步骤	说明或截图
❶ 启动 AE，新建一个合成，先使用"钢笔工具"绘制一个如图所示的形状，再使用"多边形工具"绘制一个正七边形，并使用"径向渐变"填充。	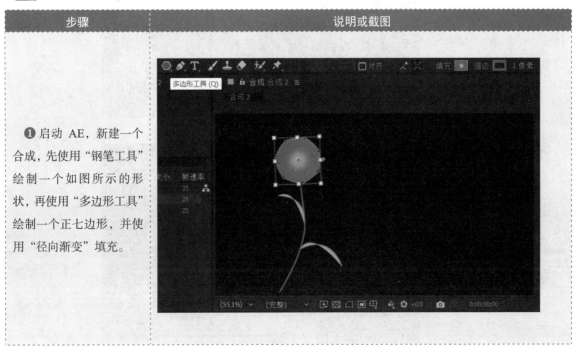

❷展开图层"内容"，选择"添加→收缩和膨胀"命令，并调整"数量"值，得到如图所示的花朵形状。

❸选中所有图层，进行"预合成"操作。

❹按 R 键展开其"旋转"属性，单击其前的"码表"图标，打上两个关键帧，制作一段旋转动画。

❺先按住 Alt 键，再单击"旋转"前的"码表"图标，输入表达式：loopOut ("pingpong")，表示对"旋转"做循环往复运动。

❻ 在"效果控件"面板中添加"CC Bend It"效果，并调整"Start"和"End"的数值，准备制作弯曲动画。

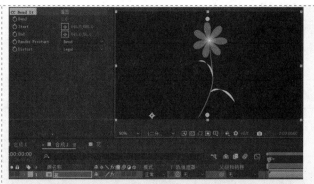

❼ 在"效果控件"面板中对"Bend"打上两个关键帧，并调整其数值，制作成左右弯曲的动画。

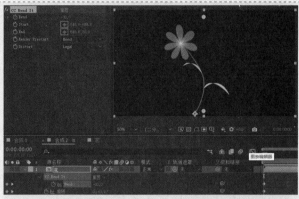

❽ 先按住 Alt 键，再单击"Bend"前的"码表"图标，输入表达式：loopOut("pingpong")，表示对"Bend"做循环往复运动，最终完成柔性摆动效果的制作。

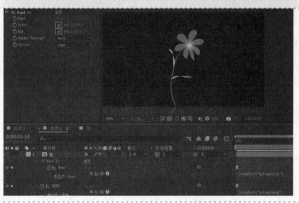

📝 任务评价

1. 自我评价

☐ 使用"钢笔工具"绘制形状　☐ 能对使用"多边形工具"绘制的形状进行"变形"

☐ 学会"收缩和膨胀"命令的运用

☐ 了解类似的"摆动路径"　☐ 学会调整"Start"和"End"的数值

☐ 能对"Bend"添加关键帧进行弯曲动画制作

☐ 学会"loopOut()"循环表达式的运用

☐ 了解 loopOut 中与"pingpong"类似的参数

2. 教师评价

工作页完成情况：☐ 优　☐ 良　☐ 合格　☐ 不合格

任务五 勾画

学习领域：MG 动画	班级：	姓名：
	地点：	日期：

💡 任务目标

1. 学会使用"网格"效果制作背景。

2. 掌握"勾画"效果功能面板中的参数调整。

3. 掌握"勾画"动效制作方法。

4. 学会使用"暗角"增加画面质感。

🖋 任务导入

登录抖音、哔哩哔哩等相关网站，观摩形状勾画类影视作品，拓宽视野。

🔬 任务准备

使用"钢笔工具"完成特定形状的绘制。

📅 任务实施

步骤	说明或截图
❶在 AE 中先新建一个合成，再新建一个纯色图层，并添加"网格"效果，其中的参数调整如图所示。	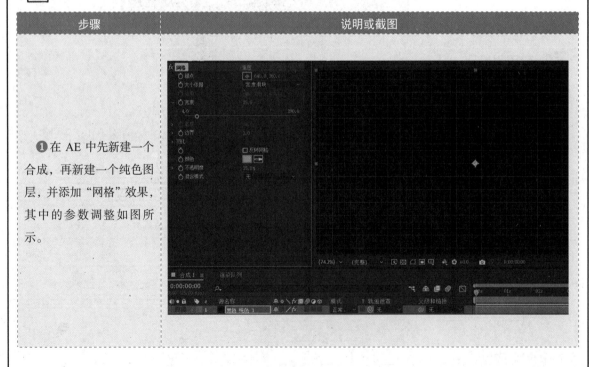

❷再新建一个纯色图层，并使用"钢笔工具"绘制如图所示的心电图形状。

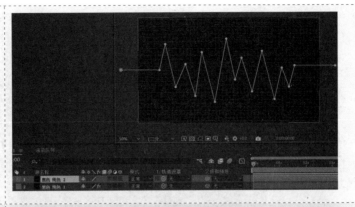

❸添加"勾画"效果，准备制作心电图动效。

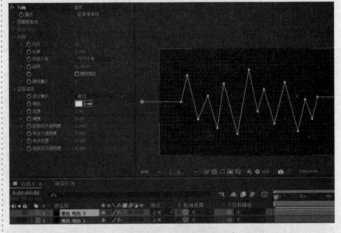

❹在"效果控件"面板中对"勾画"效果中的参数进行如下调整。

描边：蒙版/路径。

片段：1。

长度：1。

混合模式：透明。

颜色：蓝色。

宽度：5。

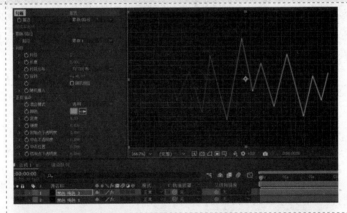

❺继续在"效果控件"面板中对"勾画"效果中的参数进行如下调整。

长度：0.48。

旋转：time*-120。

一个心电图的动效就基本制作完成了。

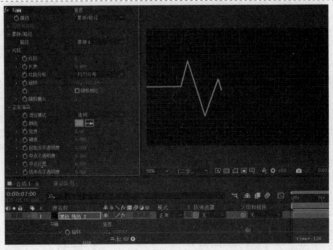

❻ 新建一个调整图层，并添加"发光"效果。

在"效果控件"面板中对"发光"效果中的参数进行调整，如图所示。

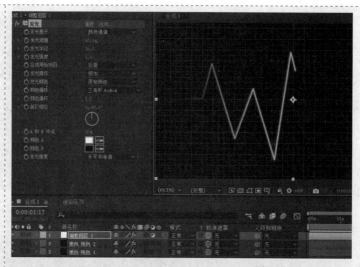

❼ 在调整图层中继续添加"CC Vignette"效果，并将"Angle of View"的值设置为 75，从而形成四周的"暗角"效果，完成最终的效果制作。

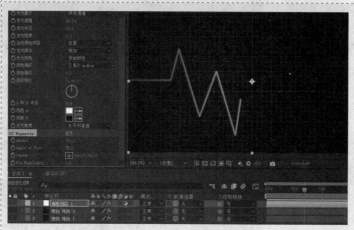

📓 任务评价

1. 自我评价

□ 学会"网格"效果的运用

□ 熟练使用"钢笔工具"绘制形状

□ 掌握"勾画"效果功能面板中的参数调整

□ 掌握"勾画"动效制作方法

□ 了解调整图层的基本属性

□ 学会"发光"效果的叠加使用

□ 学会使用"CC Vignette"效果设置"暗角"

□ 探索设置"暗角"的其他方法

2. 教师评价

工作页完成情况：□ 优 □ 良 □ 合格 □ 不合格

任务六 变色拉伸文字

学习领域：MG 动画	班级：	姓名：
	地点：	日期：

任务目标

1. 学会"CC Scale Wipe"拉伸设置。

2. 掌握"CC Scale Wipe"动效设置。

3. 进一步掌握"梯度渐变"效果功能面板中的参数调整。

4. 使用"残影"效果提高作品的层次和美感。

任务导入

登录抖音、哔哩哔哩等相关网站，观摩 AE 文字变色拉伸类作品，分析其制作方法。

任务准备

在文字变色拉伸制作完毕后，可以搜集 PNG 格式的图片进行类似的操作。

任务实施

步骤	说明或截图
❶ 启动 AE，新建一个合成，并使用"文字工具"输入一行文本。	
❷ 按快捷键 Ctrl+Shift+C 对文本图层进行"预合成"操作。	

❸添加"CC Scale Wipe"效果，准备制作文字拉伸动效。

❹在"效果控件"面板中对"CC Scale Wipe"效果中的参数进行如下调整。

Stretch：50。

Direction：45°。

从而形成文字拉伸动效。

❺在"效果控件"面板中单击"Center"前的"码表"图标，在5s间隔内打上两个关键帧，形成从左向右的文字拉伸动效，如图所示。

❻按快捷键Ctrl+D复制一层，并隐藏上层，选中下层。

添加"梯度渐变"效果，并设置"起始颜色"为"绿色"，"结束颜色"为"蓝色"。

❼ 继续对下层添加"残影"效果，并将"残影数量"的值设置为9。

单击"起始颜色"前的"码表"图标，添加关键帧并更改颜色。

最后显示上层文字，完成最终的效果制作。

📋 任务评价

1. 自我评价

☐ 在文本图层上直接添加"CC Scale Wipe"效果

☐ 在文本图层预合成后添加"CC Scale Wipe"效果

☐ 学会"CC Scale Wipe"拉伸设置

☐ 掌握"CC Scale Wipe"动效设置

☐ "梯度渐变"效果的起点和终点设置

☐ "梯度渐变"效果的颜色设置

☐ "残影时间"设置

☐ "残影运算符"设置

2. 教师评价

工作页完成情况：☐ 优 ☐ 良 ☐ 合格 ☐ 不合格

任务七　线条动画

学习领域：MG 动画	班级：	姓名：
	地点：	日期：

💡 任务目标

1. 学会使用"修剪路径"制作动画。

2. 掌握路径的复制和粘贴操作。

3. 掌握图层的镜像操作。

4. 掌握"色相/饱和度"效果功能面板中的参数调整。

✒️ 任务导入

登录抖音、哔哩哔哩等相关网站，观摩 AE 线条动画类作品，获取创作灵感。

🔬 任务准备

复习用空对象控制多个图层运动的方法。

📑 任务实施

步骤	说明或截图
❶ 启动 AE，新建一个合成，并使用"钢笔工具"绘制一条曲线。	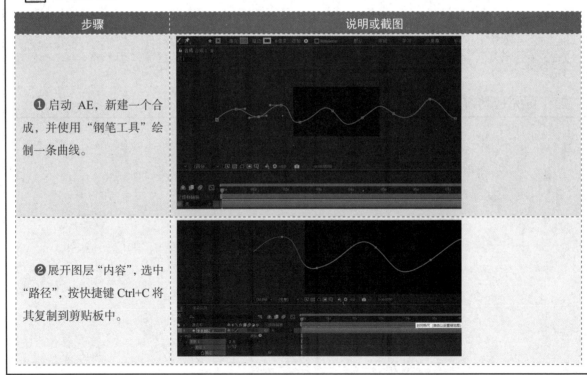
❷ 展开图层"内容"，选中"路径"，按快捷键 Ctrl+C 将其复制到剪贴板中。	

❸ 展开图层"内容",选择
"添加→修剪路径"命令,在
"结束"项上打上两个关键帧,
形成路径延伸动画。

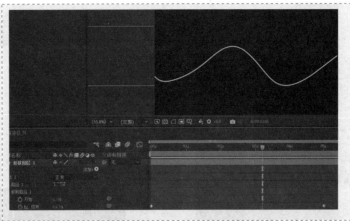

❹ 新建一个形状图层,并
绘制一个红色正圆,按 P 键展
开其"位置"属性。

先按快捷键 Ctrl+V 粘贴钢
笔所绘制的路径,再按住 Alt
键移动关键帧,并对齐修剪路
径的终点。

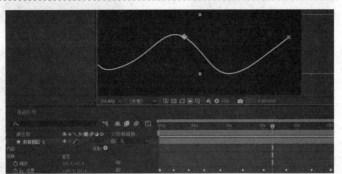

❺ 新建一个摄像机图层并
右击,在弹出的快捷菜单中选
择"摄像机→创建空轨道"命
令,准备用空对象来控制小球
和曲线的同步运动。

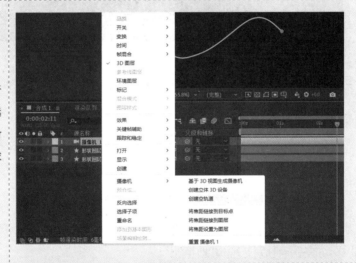

❻ 将两个形状图层都转换
为三维图层。

选中空对象所在的图层,按
P 键展开其"位置"属性,在
5s 间隔内打上两个关键帧。

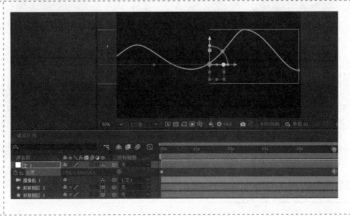

❼选中全部图层，按快捷键 Ctrl+Shift+C 进行"预合成"操作。

按快捷键Ctrl+D复制图层并右击，在弹出的快捷菜单中选择"变换→垂直翻转"命令，得到一个水平镜像。

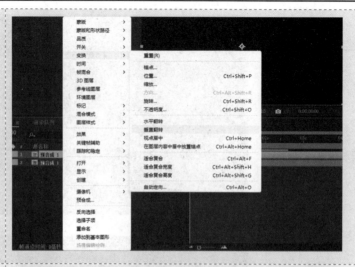

❽添加"色相/饱和度"效果，并调整"主色相"参数，完成最终的线条动画效果制作。

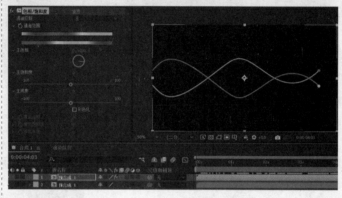

📝 任务评价

1. 自我评价

□ 进一步熟悉各类形状的绘制

□ 使用"修剪路径"制作动画

□ 掌握路径的复制和粘贴操作

□ 批量移动关键帧以实现动画同步

□ 进一步掌握空对象对摄像机的控制

□ 进一步掌握空对象的动画设置

□ 掌握图层的"垂直翻转"设置

□ 掌握"色相/饱和度"效果功能面板中的参数调整

2. 教师评价

工作页完成情况：□ 优　□ 良　□ 合格　□ 不合格

任务八 形变文字

	学习领域：MG 动画	班级：	姓名：
		地点：	日期：

💡 任务目标

1. 掌握文字转形状的方法。

2. 学会文字形状的编辑。

3. 掌握文字形变动画的制作方法。

4. 了解形变"添加"中的其他变形操作。

🖊 任务导入

登录抖音、哔哩哔哩等相关网站，观摩文字形变类动画作品，尤其是片头文字动效制作。

🔬 任务准备

搜集片头文字动效案例，分析其制作方法。

📖 任务实施

步骤	说明或截图
❶ 启动 AE，新建一个合成，并使用"文字工具"输入一行文本。	

❷右击文本图层，在弹出的快捷菜单中选择"创建→从文字创建形状"命令，创建一个文字形状图层。

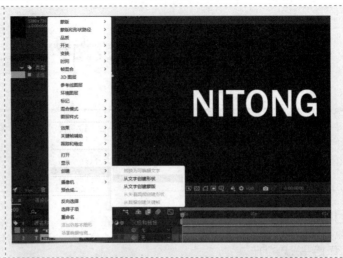

❸选中文字形状图层，先展开其"内容"，再使用"选取工具"将字母的路径选中，准备进行变形处理。

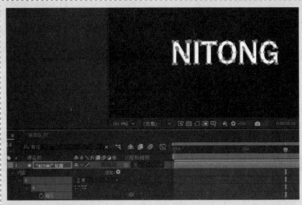

❹逐一选中字母，并单击其"路径"前的"码表"图标，打上两个关键帧，如图所示。

❺使用"选取工具"逐个调整第1个关键帧上字母的位置和形状，如图所示。

❻ 从而形成文字路径的形变动画，如图所示。

❼ 在时间轴的第 2 段添加"定向模糊"效果，并单击"模糊长度"前的"码表"图标，打上两个关键帧，完成最终的形变文字动态效果制作。

📝 任务评价

1. 自我评价

☐ 将文字转为形状

☐ 单个字母的路径选取

☐ 单个字母的路径编辑

☐ 单个字母的路径形变动画制作

☐ 字母形状的描边

☐ 字母形状的填充

☐ 字母位置与图层位置的区别

☐ "定向模糊"效果设置

2. 教师评价

工作页完成情况：☐ 优 ☐ 良 ☐ 合格 ☐ 不合格

模块五

跟踪

任务一 稳定跟踪

	学习领域：运动跟踪	班级：	姓名：
		地点：	日期：

🔖 任务目标

1. 熟悉"跟踪器"功能面板。

2. 掌握"跟踪点"设置的技巧。

3. 熟练使用"向前分析"或"向后分析"功能。

4. 掌握 AE 中标尺和辅助线的设置方法。

📎 任务导入

登录抖音、哔哩哔哩等相关网站，观摩跟踪类影视作品，掌握其制作技巧。

🔬 任务准备

搜索并下载稳定及跟踪所需的视频素材。

📋 任务实施

步骤	说明或截图
❶启动 AE，在"项目"面板中导入一个待稳定的视频素材，并基于此素材新建一个合成。	

❷先打开"跟踪器"功能面板，再单击"稳定运动"按钮，此时会出现一个跟踪点。

将"当前时间指示器"移至开头，并选定跟踪点的位置和搜索范围，如图所示。

❸单击"向前分析"按钮，开始跟踪点的追踪。

❹单击"应用"按钮，弹出"动态跟踪器应用选项"对话框，将"应用维度"设置为"X 和 Y"后单击"确定"按钮。

❺按空格键预览稳定之后的视频画面，可以发现在画面的边缘处出现黑边。

❻按 S 键展开其"缩放"属性,在画面出现黑边的位置上打上关键帧,并调整画面的尺寸和大小,直至黑边全部消失。

❼按快捷键 Ctrl+R 显示标尺,先在跟踪点处添加两根辅助线,再按空格键预览,可以看到画面已做了稳定处理。

📋 任务评价

1. 自我评价

☐ 打开"跟踪器"功能面板

☐ 设置"稳定运动"

☐ 选择跟踪点

☐ 了解"向前分析"的应用场景

☐ 了解"向后分析"的应用场景

☐ 选择"应用维度"

☐ 画面去黑边操作

☐ 添加辅助线操作

2. 教师评价

工作页完成情况:☐ 优 ☐ 良 ☐ 合格 ☐ 不合格

任务二　单点跟踪

	学习领域：运动跟踪	班级：	姓名：
		地点：	日期：

💡 任务目标

1. 进一步熟悉"跟踪器"功能面板。

2. 进一步掌握"跟踪点"设置的技巧。

3. 熟练使用"编辑目标"功能。

4. 学会调整跟踪对象的锚点和大小。

✏️ 任务导入

登录抖音、哔哩哔哩等相关网站，观摩跟踪类影视作品，掌握其制作技巧。

🔬 任务准备

搜索并下载跟踪运动所需的视频素材。

📖 任务实施

步骤	说明或截图
❶启动 AE，在"项目"面板中导入一个待跟踪的视频素材，并基于此素材新建一个合成。	

❷先打开"跟踪器"功能面板，再单击"跟踪运动"按钮，此时会出现一个跟踪点。

将"当前时间指示器"移至开头，并选定跟踪点的位置和搜索范围，如图所示。

❸单击"向前分析"按钮，开始跟踪点的追踪。

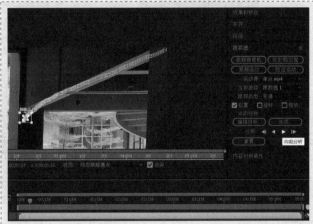

❹切换至"合成"标签，先使用"矩形工具"绘制一个矩形，再使用"文字工具"输入一行文本。

选中两个图层，按快捷键Ctrl+Shift+C进行"预合成"操作。

❺切换至"图层"标签，单击"编辑目标"按钮，弹出"运动目标"对话框，将"图层"设置为"1.预合成1"后单击"确定"按钮。

❻切换至"合成"标签，可以看到文字和图形初步的跟踪效果，如图所示。

❼展开预合成图层中的"锚点"和"缩放"属性，适当调整其锚点和大小，完成最终的效果制作，如图所示。

📒 任务评价

1. 自我评价

☐ 跟踪素材的获取

☐ 跟踪点的精确设置

☐ "跟踪运动"的设置

☐ 了解"向前分析"的应用场景

☐ 了解"向后分析"的应用场景

☐ "编辑目标"的设置

☐ "图层"标签与"合成"标签的切换

☐ 调整跟踪对象的锚点和大小

2. 教师评价

工作页完成情况：☐ 优 ☐ 良 ☐ 合格 ☐ 不合格

任务三　两点跟踪

	学习领域：运动跟踪	班级：	姓名：
		地点：	日期：

💡 任务目标

1. 学会两次跟踪点的选择和设定。

2. 学会跟踪"闪光/起始点"和"闪光/结束点"。

3. 掌握"闪光"效果中的参数调整。

4. 可尝试对类似"闪光"的效果进行跟踪，如"闪电"效果等。

🖊 任务导入

登录抖音、哔哩哔哩等相关网站，观摩 AE 多点跟踪类影视作品，拓宽视野。

🔬 任务准备

收集可进行多点跟踪的视频素材。

📖 任务实施

步骤	说明或截图
❶启动 AE，在"项目"面板中导入一个待跟踪的视频素材，并基于此素材新建一个合成。	

❷添加"闪光"效果，可以看到画面中的"闪光/起始点"和"闪光/结束点"。

❸先打开"跟踪器"功能面板，再单击"跟踪运动"按钮，此时会出现一个跟踪点。

将"当前时间指示器"移至开头，并选定跟踪点为左车灯，如图所示。

❹单击"向前分析"按钮，开始跟踪点的追踪。

❺单击"编辑目标"按钮，弹出"运动目标"对话框，将"效果点控制"设置为"闪光/起始点"后单击"确定"按钮。

❻单击"应用"按钮，弹出"动态跟踪器应用选项"对话框，将"应用维度"设置为"X和Y"后单击"确定"按钮，完成左车灯的跟踪。

❼再次打开"跟踪器"功能面板，并单击"跟踪运动"按钮，此时会出现一个跟踪点。

将"当前时间指示器"移至开头，并选定跟踪点为右车灯，如图所示。

❽单击"编辑目标"按钮，弹出"运动目标"对话框，将"效果点控制"设置为"闪光/结束点"后单击"确定"按钮。

❾单击"应用"按钮，弹出"动态跟踪器应用选项"对话框，将"应用维度"设置为"X和Y"后单击"确定"按钮，完成右车灯的跟踪。

⓾闪光跟踪双车灯的最终效果如图所示。

注：可以在"效果控件"面板中对"闪光"效果的振幅、颜色等参数进行调整。

📒 任务评价

1. 自我评价

☐ 选择左车灯作为跟踪点

☐ 选择右车灯作为跟踪点

☐ 添加"闪光"效果

☐ "跟踪运动"的二次运用

☐ 跟踪"闪光/起始点"

☐ 跟踪"闪光/结束点"

☐ 调整"闪光"效果的振幅

☐ 调整"闪光"效果的颜色

2. 教师评价

工作页完成情况：☐ 优 ☐ 良 ☐ 合格 ☐ 不合格

任务四　四点跟踪

		班级：	姓名：
	学习领域：运动跟踪	地点：	日期：

任务目标

1. 学会四点跟踪的选择和设定。

2. 了解"跟踪类型"下拉列表。

3. 掌握常见的"透视边角定位"。

4. 根据不同的素材，选择正确的跟踪类型及方法，尽量做到精益求精。

任务导入

登录抖音、哔哩哔哩等相关网站，观摩 AE 四点跟踪类影视作品，分析其制作方法。

任务准备

收集可进行四点跟踪的视频素材。

任务实施

步骤	说明或截图
❶启动 AE，在"项目"面板中导入一个待跟踪的视频素材，并基于此素材新建一个合成。	

❷继续在"项目"面板中导入一张图片，将其拖曳至图层并隐藏，准备对此进行四点跟踪。

❸将"当前时间指示器"移至开头，先打开"跟踪器"功能面板，再单击"跟踪运动"按钮。

将"跟踪类型"设置为"透视边角定位"，这样就会在画面中出现4个跟踪点。

注："透视边角定位"的每个定位点都是独立的。

❹先调整4个跟踪点的位置，使其呈四边形，再单击"向前分析"按钮，如图所示。

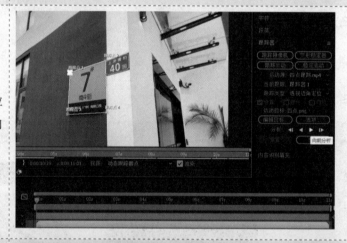

❺单击"编辑目标"按钮，弹出"运动目标"对话框，将"图层"设置为"1.四点.png"后单击"确定"按钮。

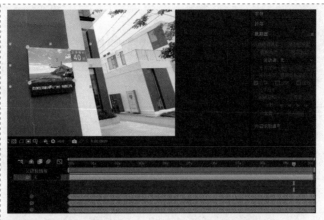

❻ 单击"应用"按钮，图片将依据四点跟踪的结果进行变换，并"贴合"至跟踪的区域。

❼ 展开图片所在图层的"效果"选项，可见四点跟踪的实质就是边角定位加位置动画，从而完成最终的效果制作。

📖 任务评价

1. 自我评价

☐ 选择可作为四点跟踪的素材

☐ 选择 4 个跟踪点

☐ 熟悉"跟踪器"功能面板中的"跟踪类型"下拉列表

☐ 选择正确的"跟踪类型"

☐ 选择正确的"运动目标"

☐ 局部跟踪"丢帧"的处理

☐ 了解"平行边角定位"的特点

☐ 了解"透视边角定位"的特点

2. 教师评价

工作页完成情况：☐ 优 ☐ 良 ☐ 合格 ☐ 不合格

任务五 跟踪摄像机

学习领域：运动跟踪	班级：	姓名：
	地点：	日期：

🔅 任务目标

1. 掌握"跟踪摄像机"操作。

2. 学会选择合适的跟踪点建立"跟踪平面"。

3. 学会"创建实底和摄像机"操作。

4. 掌握跟踪图层的变换和模式调整。

✏️ 任务导入

登录抖音、哔哩哔哩等相关网站，观摩跟踪摄像机类动画及特效，提高作品的制作水准。

🔬 任务准备

搜集并下载可供制作跟踪摄像机的视频素材。

📋 任务实施

步骤	说明或截图
❶启动 AE，在"项目"面板中导入两个素材，并基于视频素材新建一个合成。	

❷ 右击图层，在弹出的快捷菜单中选择"跟踪和稳定→跟踪摄像机"命令，对视频画面进行动态跟踪。

❸ 在经过"后台分析"和"解析摄像机"后，画面上就会出现一些跟踪点。

注：跟踪点的颜色表示跟踪效果的稳定性。其中，绿色表示稳定跟踪点，红色表示不稳定跟踪点。

❹ 使用"选取工具"圈选若干个跟踪点，使其形成跟踪平面并右击，在弹出的快捷菜单中选择"创建实底和摄像机"命令，从而新建一个 3D 跟踪器摄像机图层和一个跟踪实底图层，如图所示。

注：跟踪实底图层通常用于其他图层的父级。

❺ 将"项目"面板中的图片素材拖曳至图层中。

按住 Shift 键，通过"父级关联器"建立图片与跟踪实底的关联，如图所示。

❻ 隐藏跟踪实底图层，并展开图片的"变换"选项，调整其"位置"、"缩放"和"旋转"属性，使之与跟踪实底平面相吻合，营造一个地面的"黑洞"效果，如图所示。

❼ 添加一个形状图层，并使用"多边形工具"绘制一个三角形，作为警示标志。

使用同样的方法将其父级绑定至跟踪实底图层。

按住 Alt 键的同时单击"Z 轴旋转"前的"码表"图标，输入表达式：time*50，完成最终的效果制作，如图所示。

📑 任务评价

1. 自我评价

☐ 跟踪摄像机　　　　　　　　　☐ 解析摄像机

☐ 选择合适的跟踪点建立"跟踪平面"　　☐ 建立跟踪实底图层

☐ "原位"跟踪实底图层　　　　　☐ 跟踪图层的"变换"选项调整

☐ 跟踪图层的"变暗"模式调整　　☐ 多层父级绑定至跟踪实底图层

2. 教师评价

工作页完成情况：☐ 优　☐ 良　☐ 合格　☐ 不合格

任务六　文字跟踪

	学习领域：运动跟踪	班级：	姓名：
		地点：	日期：

任务目标

1. 掌握"文字跟踪"操作。

2. 学会使用 Ctrl 键辅助建立"跟踪平面"。

3. 掌握跟踪文字的"变换"等属性调整。

4. 了解素材跟踪失败的处理方法。

任务导入

登录抖音、哔哩哔哩等相关网站，观摩并学习文字跟踪类动画及特效。

任务准备

搜集并下载可供制作文字跟踪的视频素材。

任务实施

步骤	说明或截图
❶ 启动 AE，在"项目"面板中导入一个视频素材，并基于此素材新建一个合成。	
❷ 在"跟踪器"功能面板中单击"跟踪摄像机"按钮，对视频画面进行动态跟踪。 在经过"后台分析"和"解析摄像机"后，画面上就会出现一些跟踪点，如图所示。	

❸ 按住 Ctrl 键并选择 3 个跟踪点，就可以形成一个跟踪平面。在跟踪平面上右击，在弹出的快捷菜单中选择"创建文本和摄像机"命令，从而新建一个 3D 跟踪器摄像机图层和一个文本图层，如图所示。

❹ 先编辑文本图层中的文字，然后对文字的"变换"属性进行调整，如图所示。

❺ 使用相同的方法，首先建立跟踪平面，其次新建文本图层，然后编辑文本图层中的文字，最后调整文字的"变换"属性，得到第 2 个文字跟踪效果。

⑥ 使用相同的方法，得到第 3 个文字跟踪效果，以此类推。

注：可以先对跟踪的文字进行"预合成"操作，再制作成动态效果。

⑦ 对于一些比较复杂的视频素材，若出现跟踪失败的情况，则可以使用以下两种方法进行处理。

（1）可尝试在"效果控件"面板中将"3D 摄像机跟踪器→高级"选项中的"解决方法"设置为"三脚架全景"。

（2）在 PR 中对素材的分辨率进行调整，使其与合成的分辨率相匹配。

📋 任务评价

1. 自我评价

□ 掌握调用"跟踪摄像机"的 3 种方法 　　□ 了解"虚拟摄像机"

□ 使用 Ctrl 键辅助建立"跟踪平面" 　　□ 建立跟踪文本图层

□ 掌握跟踪文字的"变换"属性调整 　　□ 跟踪文字的动态设置

□ 了解素材跟踪失败的处理方法 　　□ PR 与 AE 协同作业

2. 教师评价

工作页完成情况：□ 优 □ 良 □ 合格 □ 不合格

任务七　光绘画

学习领域：运动跟踪	班级：	姓名：
	地点：	日期：

任务目标

1. 掌握"点光"图层的动效设置。

2. 学会粒子"Streaklet"动画制作。

3. 学会使用"Optical Flares"效果制作光线条纹的首部。

4. 学会"点光"图层的复制，以形成多条光线条纹。

任务导入

登录抖音、哔哩哔哩等相关网站，观摩光绘画类作品，打造酷炫的 AE 动效。

任务准备

搜集并下载可供制作光线跟踪的图片和视频素材。

任务实施

步骤	说明或截图
❶启动 AE，在"项目"面板中导入一个视频素材，并基于此素材新建一个合成。	

❷使用"钢笔工具"绘制一个形状图层，展开其"内容→形状→路径"并选中。

按快捷键 Ctrl+C 将路径复制到剪贴板中。

❸新建一个灯光图层，并将"灯光类型"设置为"点"光源。

按 P 键展开其"位置"属性并保持选中，按快捷键 Ctrl+V 粘贴路径，从而形成"点"光源的运动动画。

❹新建一个纯色图层，并添加"Particular"效果，在"效果控件"面板中设置参数如下。

Emitter Type：Light(s)。

Light Naming：Emitter。

注：灯光图层要对应更名为"Emitter"。

❺继续在"效果控件"面板中对"Particular"效果中的相关参数进行如下设置。

Emitter Size XYZ：0。

Velocity：0。

Velocity Random：0。

Velocity Distribut：0。

Velocity from Emitt：0。

使粒子形成一道光线。

⑥继续在"效果控件"面板中对"Particular"效果中的相关参数进行如下设置。

Life（seconds）：3。

Particle Type：Streaklet。

Opacity Over Life：渐隐。

Color：黄色。

Number of Strea：20。

Streak Size：50。

Streaklet Random Se：250。

从而形成如图所示的黄色粒子线条。

⑦再新建一个纯色图层，并添加"Optical Flares"效果，在"效果控件"面板中设置参数如下。

Options：如图所示。

颜色：黄色。

⑧继续在"效果控件"面板中对"Optical Flares"效果中的相关参数进行如下设置。

来源类型：跟踪灯光。

渲染模式：透明。

❾复制"点光"图层，按 P 键展开其"位置"属性，调整其运动轨迹和关键帧的位置，即可获得第 2 条动态光线，如图所示。

任务评价

1. 自我评价

- ☐ 绘制运动路径
- ☐ 设置"点光"沿路径运动
- ☐ 掌握"Emitter"的参数调整
- ☐ 掌握"Particle"的参数调整
- ☐ 在光线首部添加 OP 耀斑
- ☐ 调整耀斑大小等属性，使其与光线相匹配
- ☐ 复制"点光"图层
- ☐ 调整"点光"运动轨迹

2. 教师评价

工作页完成情况：☐ 优 ☐ 良 ☐ 合格 ☐ 不合格

任务八 粒子跟踪

	学习领域：运动跟踪	班级：	姓名：
		地点：	日期：

💡 任务目标

1. 掌握灯光图层绑定空对象的操作方法。

2. 学会空对象和灯光的组合动画设置。

3. 重点掌握"Particular"效果中的发射器和粒子设置。

4. 学会使用摄像机的旋转、移动和推拉工具来调整合成的视角。

✏️ 任务导入

登录抖音、哔哩哔哩等相关网站，观摩企业宣传片类影视作品，提高服务企业的技术水平。

🔬 任务准备

将灯光、空对象、粒子和摄像机的单个操作变为组合操作，提高 AE 作品的实战能力。

📖 任务实施

步骤	说明或截图
❶ 启动 AE，先新建一个合成，再新建一个灯光图层，并设置"灯光类型"为"点"，"名称"为"Light"。	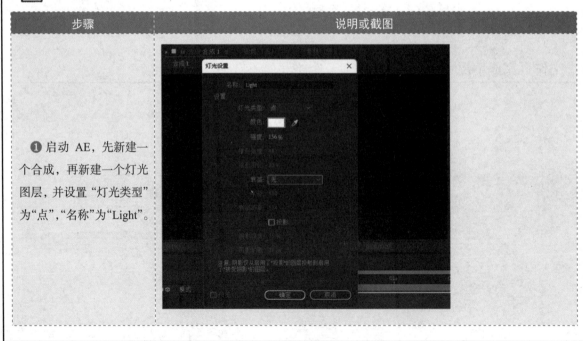

❷ 新建一个空对象图层，按住 Shift 键，使用"父级关联器"将灯光图层的父级绑定至空对象，如图所示。

❸ 将空对象图层转换为三维图层。

分别单击空对象图层"位置"和"X 轴旋转"前的"码表"图标，打上关键帧，制作一段时长为 2s 的运动加旋转动画。

单击灯光图层"位置"前的"码表"图标，打上两个关键帧（Y 位置：0 ~ -300），时长也为 2s。

❹ 新建一个纯色图层，添加"Particular"效果，并将"Emitter Type"设置为"Light(s)"，"Light Naming"设置为"Light"，如图所示。

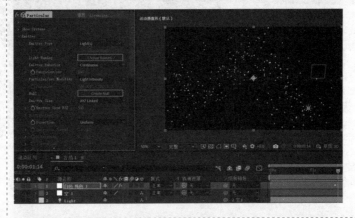

❺ 继续在"效果控件"面板中对"Particular"效果中的相关参数进行如下调整。

Particles/sec：240。

Emitter Size XYZ：0。

Velocity：0。

Velocity Random：0。

Velocity Distribut：0。

Velocity from Emitt：0。

如图所示。

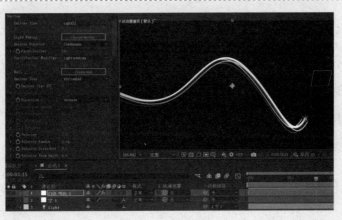

❻继续在"效果控件"面板中对"Particular"效果中的相关参数进行如下调整。

Particle Type：Streaklet。

Size：35。

Opacity：63。

Opacity Over Life：渐隐。

Set Color：Over Life。

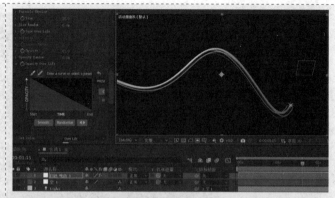

❼继续在"效果控件"面板中对"Particular"效果中的相关参数进行如下调整。

Number of Strea：7。

Streak Size：30。

Streaklet Random Se：170。

从而形成如图所示的彩色粒子线条。

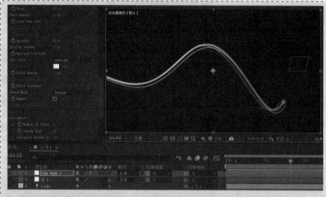

❽新建一个摄像机图层，并使用工具栏中的"绕光标旋转工具"、"镜头移动工具"和"镜头推拉工具"对视角进行调整，完成最终的效果制作。

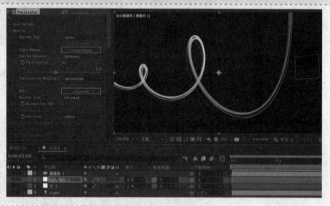

🖹 任务评价

1. 自我评价

□ 将灯光图层的父级绑定至空对象　　□ 掌握空对象和灯光的位移及旋转动画设置

□ 将粒子发射器设置为"点光"　　　□ 掌握"Emitter"的参数调整

□ 掌握"Particle"的参数调整

□ 使用摄像机的旋转、移动和推拉工具来调整合成的视角

□ 了解"Designer"的"预设"功能

2. 教师评价

工作页完成情况：□ 优 □ 良 □ 合格 □ 不合格

模块六

抠像

任务一　Keylight

	学习领域：叠加合成	班级：	姓名：
		地点：	日期：

💡 任务目标

1. 确定"Keylight"效果在不同 AE 版本中的位置。

2. 掌握"Keylight"效果功能面板中的参数调整。

3. 利用"Keylight"效果的多种预览模式对目标进行精确的选取。

4. 认识到抠像、蒙版和图层混合模式都是影视特效合成中的常见手法。

🖊 任务导入

登录抖音、哔哩哔哩等相关网站，观摩 AE 抠像类作品，掌握影视特效合成的技巧。

🔬 任务准备

搜集抠像练习所需的图片和视频素材。

🎬 任务实施

步骤	说明或截图
❶在 AE 中导入一个视频素材，并将其拖曳至"新建合成"按钮，从而创建一个新的合成。	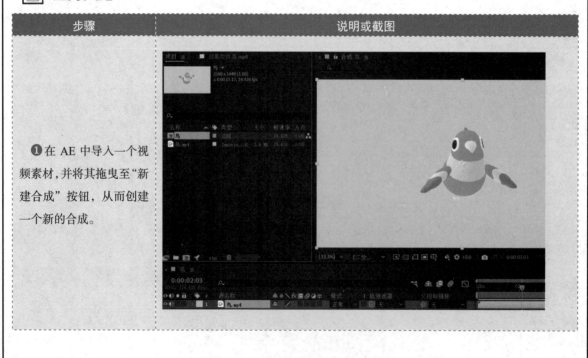

❷ 添加"Keylight"效果，并在"效果控件"面板中展开其功能面板。

❸ 在"效果控件"面板中使用"Screen Colour"中的"吸管"在绿幕背景上单击，进行初步抠像处理。

❹ 在"效果控件"面板中将"View"设置为"Screen Matte"，可以看到目标对象中包括灰色，即未被完全选中。

展开"Screen Matte"选项，将"Clip White"的值设置为36，直至目标对象全白，即被完全选中。

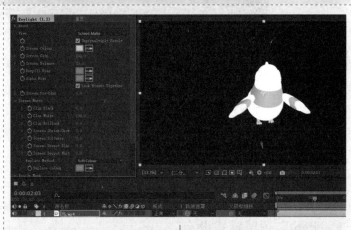

❺ 在"效果控件"面板中将"View"设置为"Final Result"，可以看到目标对象已被完全抠取。

❻ 新建一个纯色图层，并添加"动画预设→Backgrounds→积木"效果，从而形成一个动态背景，如图所示。

📋 任务评价

1. 自我评价

☐ 搜集待抠像的图片和视频素材

☐ 确定"Keylight"效果在不同 AE 版本中的位置

☐ 掌握"Keylight"基本颜色抠取

☐ 掌握"Keylight"预览模式设定

☐ 掌握"Keylight"精确颜色抠取

☐ 利用"动画预设"设计动态背景

☐ 对动态背景进行二次开发

☐ 思考使用"Keylight"效果能否抠取白色背景的素材

2. 教师评价

工作页完成情况：☐ 优 ☐ 良 ☐ 合格 ☐ 不合格

任务二 线性颜色键

	学习领域：叠加合成	班级：	姓名：
		地点：	日期：

任务目标

1. 确定"线性颜色键"效果在不同 AE 版本中的称谓。

2. 掌握"线性颜色键"效果功能面板中的参数调整。

3. 利用"Advanced Spill Suppressor"效果进行细节抠像处理。

4. 认识到组合效果的叠加才能创作出完美的作品。

任务导入

登录抖音、哔哩哔哩等相关网站，观摩 AE 抠像类作品，掌握影视特效合成的技巧。

任务准备

搜集抠像练习所需的图片和视频素材。

任务实施

步骤	说明或截图
❶启动 AE，在"项目"面板中导入 3 个视频素材。 基于"撕纸"素材新建一个合成，并设置时长在 1s 以上。 调整素材的"时间伸缩"，使其与合成时长相匹配。	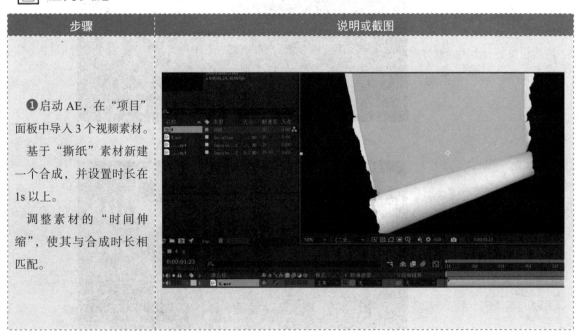

❷拖曳一个视频素材至"撕纸"素材的下方，如图所示。

❸选中两个图层，按快捷键Ctrl+Shift+C 进行"预合成"操作，如图所示。

❹添加"线性颜色键"效果，准备对画面中的绿色部分进行抠像。

继续拖曳另一个视频素材至预合成图层的下方。

❺在"效果控件"面板中使用"主色"中的"吸管"在预合成图层的绿色背景上单击，进行初步抠像处理。

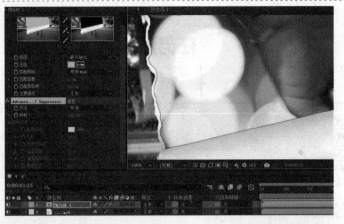

❻继续添加"Advanced Spill Suppressor"效果，准备对边缘细节进行处理。

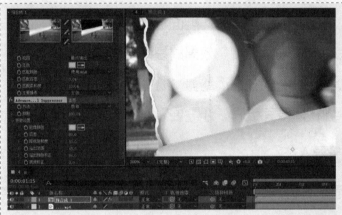

❼在"效果控件"面板中先将"Advanced Spill Suppressor"效果中的"方法"设置为"极致"，再调整一下"容差"的值，完成精确抠图，如图所示。

📝 **任务评价**

1. 自我评价

- ☐ 搜集待抠像的图片和视频素材
- ☐ 确定"线性颜色键"效果在不同 AE 版本中的称谓
- ☐ 掌握"撕纸"类动画素材叠加方法
- ☐ 掌握"撕纸"类动画预合成技巧
- ☐ 掌握"线性颜色键"效果功能面板中的参数调整
- ☐ 了解"Advanced Spill Suppressor"效果的应用场景
- ☐ 了解"Advanced Spill Suppressor"效果的细节处理
- ☐ 使用"线性颜色键"效果抠取其他背景素材

2. 教师评价

工作页完成情况：☐ 优 ☐ 良 ☐ 合格 ☐ 不合格

任务三　颜色范围

学习领域：叠加合成	班级：	姓名：
	地点：	日期：

💡 任务目标

1. 掌握"颜色范围"效果功能面板中的参数调整。

2. 学会使用"颜色范围"效果对复杂背景进行抠像。

3. 学会设置双层的跟踪运动。

4. 认识到在抠像完成后，还需要对整体效果进行统一的调整。

✐ 任务导入

登录抖音、哔哩哔哩等相关网站，观摩 AE 抠像类作品，掌握影视特效合成的技巧。

🔬 任务准备

搜集抠像练习所需的图片和视频素材。

📋 任务实施

步骤	说明或截图
❶启动 AE，在"项目"面板中导入两个视频素材。 基于"待换天空"素材新建一个合成，并添加"曲线"效果，统一调整素材的画质。	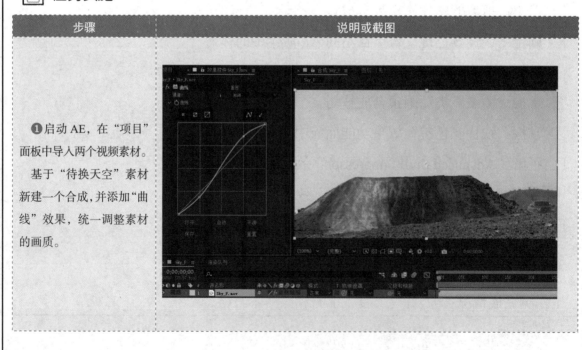

❷ 添加"颜色范围"效果，准备对天空部分进行精确选取。

❸ 在"效果控件"面板的"颜色范围"效果中，使用选定、增加和减少这3种"吸管"，并配合"模糊"选项，对天空所在的区域进行精确选取。

　　使用"Key Clener"效果可以对抠取的边缘进行柔和处理。

❹ 从"项目"面板中拖曳一个关于天空的图片素材，先将其置于已抠取天空的视频素材下方，再对天空图片进行放大。

❺ 由于上方是动态视频、下方是静态图片，因此需要对上方的视频素材进行跟踪运动。

　　选定上方的视频素材，并展开右侧的"跟踪器"功能面板。

❻单击"跟踪运动"按钮，此时会在画面上添加一个"跟踪点"。在时间轴的开始位置，选择与周边颜色有明显区分的区域作为"跟踪点"的起点，如图所示。

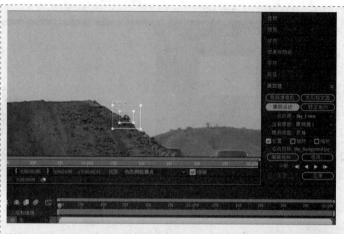

❼单击"编辑目标"按钮，弹出相应的对话框，选择下方的天空图片作为运动应用的图层。

❽单击"向前分析"按钮，开始进行跟踪运动，形成如图所示的跟踪轨迹。

❾单击"应用"按钮，弹出"动态跟踪器应用选项"对话框，将"应用维度"设置为"X和Y"后单击"确定"按钮，完成两个图层的同步运动。

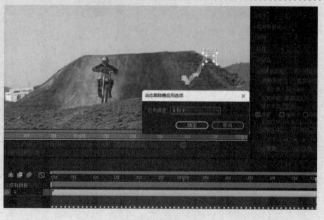

⑩ 新建一个调整图层,并添加"曲线"效果,采用默认通道"RGB"进行画质的统一调整,如图所示。

📋 任务评价

1. 自我评价

☐ 使用"颜色范围"效果对素材进行选定操作

☐ 使用"颜色范围"效果对素材进行加选和减选操作

☐ 使用"Key Clener"效果处理抠取的边缘

☐ 熟悉"跟踪器"功能面板

☐ 掌握"跟踪点"的设置技巧

☐ 学会"编辑目标"的设置

☐ 使用"曲线→RGB"进行画质的统一调整

☐ 拓展"曲线"效果的其他应用

2. 教师评价

工作页完成情况: ☐ 优 ☐ 良 ☐ 合格 ☐ 不合格

任务四　颜色差值键

学习领域：叠加合成	班级：	姓名：
	地点：	日期：

💡 任务目标

1. 了解"颜色差值键"效果功能面板的构成。

2. 学会"颜色差值键"效果中3种"吸管"的使用方法。

3. 精修抠取主体的边缘。

4. 选择合适的背景图片，能够更好地衬托抠取主体。

✒️ 任务导入

登录抖音、哔哩哔哩等相关网站，观摩 AE 抠像类作品，掌握影视特效合成的技巧。

🔬 任务准备

搜集抠像练习所需的图片和视频素材。

📖 任务实施

步骤	说明或截图
❶启动 AE，在"项目"面板中导入一个视频素材，并基于此素材新建一个合成。	

❷添加"颜色差值键"效果，可以看到在"效果控件"面板中出现了素材初步抠取的效果。

❸在"效果控件"面板中使用"主色"中的"吸管"在绿色区域单击，可以去除大部分绿色，但被选主体上的颜色也会出现缺失。

❹在"效果控件"面板中将"视图"设置为"已校正遮罩"。

使用"预览"中的第2个"吸管"进行"加黑"操作，使用第3个"吸管"进行"加白"操作，使抠取的主体更加精确。

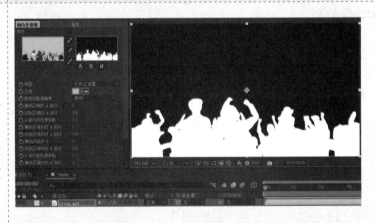

❺在"效果控件"面板中将"视图"设置为"最终输出"，可以看到主体部分已经被精确抠取，但边缘部分仍显粗糙。

❻ 在"效果控件"面板中添加"Advanced Spill Suppressor"效果，先将其中的"方法"设置为"极致"，再调整一下"容差"的值，完成边缘精细处理，如图所示。

❼ 在"项目"面板中导入一张足球场图片，并将其置于抠取的视频素材下方，完成最终的效果制作。

任务评价

1. 自我评价

☐ 了解"颜色差值键"效果功能面板的构成

☐ 使用"颜色差值键"效果对素材进行初选

☐ 使用"颜色差值键"效果对素材进行"加黑"操作

☐ 使用"颜色差值键"效果对素材进行"加白"操作

☐ 学会"已校正遮罩"视图的使用

☐ 学会"最终输出"视图的使用

☐ 精修抠取主体的边缘

☐ 选择与抠取主体相匹配的背景素材

2. 教师评价

工作页完成情况：☐ 优 ☐ 良 ☐ 合格 ☐ 不合格

任务五　提取

	学习领域：叠加合成	班级：	姓名：
		地点：	日期：

任务目标

1. 了解"提取"效果的应用范围。

2. 掌握"提取"效果功能面板中的参数调整。

3. 掌握"UnMult"外挂插件的使用方法。

4. 学会 AE 外挂插件的安装方法，并认识其专业性，提升 AE 性能。

任务导入

登录抖音、哔哩哔哩等相关网站，观摩 AE 抠像类作品，掌握影视特效合成的技巧。

任务准备

搜集抠像练习所需的图片和视频素材。

任务实施

步骤	说明或截图
❶先在 AE 中新建一个合成，然后导入几张图片素材，最后基于浅灰底的树叶图片新建一个合成。	

❷添加"提取"效果，并将"通道"设置为"明亮度"，准备对树叶图片进行"去背"处理。

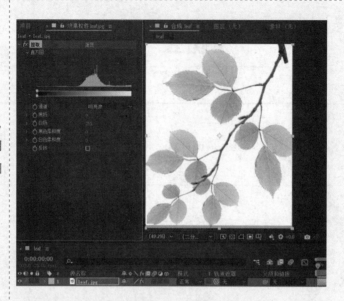

❸在"效果控件"面板中调整"白场"的数值，去除浅灰色背景。

注："提取"效果主要应用于非蓝绿幕的纯色背景抠像。

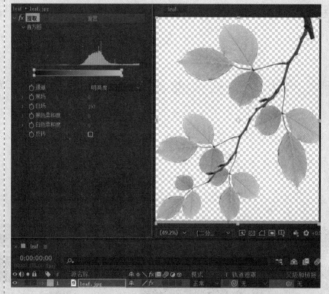

❹将书法图片拖曳至图层中，并添加"提取"效果，调整"白场"和"白色柔和度"的数值，继续执行"去背"操作。

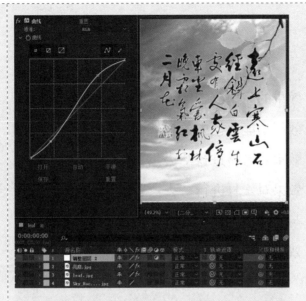

❺ 新建一个调整图层，并添加"曲线"效果，对多层图片的画质进行统一的调整。

❻ 再导入一个背景比较复杂的冲击波视频素材，并将其拖曳至图层中。

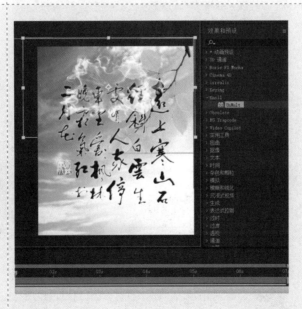

❼ 添加"UnMult"外挂插件，无须调整任何参数，即可实现一键去除黑色背景的效果。

注："UnMult"外挂插件的安装方法很简单，只要将 UnMult_64.aex 文件复制并粘贴到 AE 的 Plug-ins 文件夹中即可。

📋 **任务评价**

1. 自我评价

☐ 了解"提取"效果的应用范围

☐ 掌握"提取"效果功能面板中的参数调整

☐ 使用"提取"效果对素材进行"去黑"操作

☐ 使用"提取"效果对素材进行"去白"操作

☐ 学会"提取"与"修边"效果的组合使用

☐ 使用"曲线"效果对画质进行统一的调整

☐ 学会"UnMult"插件的安装

☐ 学会"UnMult"插件的运用

2. 教师评价

工作页完成情况：☐ 优 ☐ 良 ☐ 合格 ☐ 不合格

任务六　Roto

学习领域：叠加合成	班级：	姓名：
	地点：	日期：

任务目标

1. 了解"Roto 笔刷工具"的应用范围。

2. 掌握"Roto 笔刷工具"增/减选区的方法。

3. 跟踪摄像机，并掌握"3D 摄像机跟踪器"效果功能面板中的参数调整。

4. 创建跟踪器摄像机图层。

任务导入

登录抖音、哔哩哔哩等相关网站，观摩 Roto 抠像类作品，掌握影视特效合成的技巧。

任务准备

搜集抠像练习所需的图片和视频素材。

任务实施

步骤	说明或截图
❶ 启动 AE，先在"项目"面板中导入一个视频素材，然后基于此素材新建一个合成，最后按快捷键 Ctrl+D 复制图层。	

❷双击图层，打开图层面板，使用工具栏中的"Roto笔刷工具"将长颈鹿选中。

注：按住 Ctrl+鼠标左键可以调整笔刷大小；按住 Alt 键可以减少选区。

❸ 从图层面板返回合成面板，使用"文字工具"输入两行文本，并放置于 Roto抠取的长颈鹿图层下方，形成"物挡字"效果，如图所示。

❹ 将上方的 3 个图层隐藏，选中视频素材所在的图层并右击，在弹出的快捷菜单中选择"跟踪和稳定→跟踪摄像机"命令，如图所示。

❺此时，在"效果控件"面板中自动添加了一个"3D摄像机跟踪器"效果，开始后台分析并解析摄像机，如图所示。

⑥在"效果控件"面板中
对"3D 摄像机跟踪器"效
果中的参数进行如下调整。

拍摄类型：变量缩放。

渲染跟踪点：勾选。

跟踪完毕后，单击"创建
摄像机"按钮，新建一个跟
踪器摄像机图层。

⑦显示上方的 3 个图层，
并调整两个文本图层的位
置，实现 Roto 抠像与跟踪
摄像机的完美结合。

任务评价

1. 自我评价

☐ 了解"Roto 笔刷工具"的抠像原理

☐ 在图层面板中对主体进行抠像

☐ 学会调整"Roto 笔刷工具"的笔刷大小

☐ 掌握"Roto 笔刷工具"增/减选区的方法

☐ 添加"跟踪摄像机"命令

☐ 掌握"3D 摄像机跟踪器"效果功能面板中的参数调整

☐ 学会文字跟踪摄像机的位置调整

☐ 掌握 Roto 与跟踪摄像机的组合使用

2. 教师评价

工作页完成情况：☐ 优　☐ 良　☐ 合格　☐ 不合格

模块七

三维图层

任务一 灯光层

学习领域：三维合成	班级：	姓名：
	地点：	日期：

任务目标

1. 了解物体空间感的形成离不开光源。

2. 掌握"点"光源的使用方法。

3. 掌握环境光的使用方法。

4. 了解灯光照射与投影的关系，进一步增强空间想象力。

任务导入

登录抖音、哔哩哔哩等相关网站，观摩并学习 AE 的灯光设置技巧。

任务准备

观察生活中灯光照射与投影的关系，使作品的制作更符合常规、常识。

任务实施

步骤	说明或截图
❶ 在 AE 中先新建一个合成，再新建两个纯色图层，将其转换为三维图层并调整为如图所示的形状。	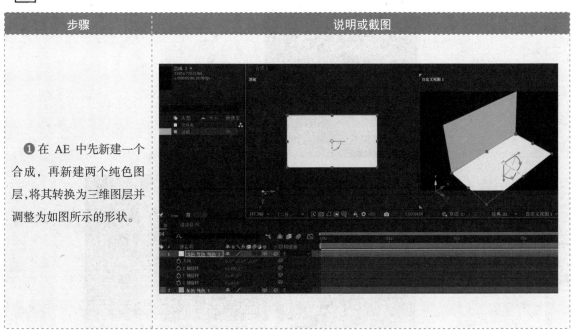

❷ 新建一个文本图层，将其转换为三维图层，并调整其位置，如图所示。

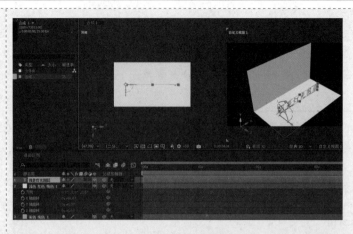

❸ 展开文本图层的"材质选项→投影"属性，将其设置为"开"才能接受灯光投影效果。

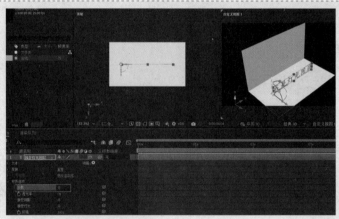

❹ 新建一个灯光图层，并设置参数如下。

灯光类型：点。

投影：勾选。

注：灯光类型一共有平行、聚光、点和环境 4 种。

❺ 增加"点"光源后，调整一下光源的位置，看到的投影效果如图所示。

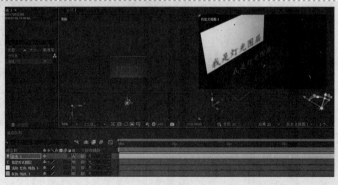

⑥ 由于环境光线较弱，因此需要添加一个环境光源，如图所示。

注：环境光只是将周围的环境照亮，并无光源。

⑦ 在添加了环境光之后的效果中可以看到，文字的立体空间感会更加明显。

⑧ 新建一个摄像机图层，按 P 键展开其"位置"属性，在不同的时间点上调整摄像机的位置，并打上关键帧，完成带灯光投影的动画效果制作。

**任务评价**

任务二　空心立方体

学习领域：三维合成	班级：	姓名：
	地点：	日期：

任务目标

1. 学会指定尺寸的矩形绘制。

2. 学会锚点的位置调整。

3. 掌握空对象图层的使用。

4. 绑定空对象作为父级，将大大降低 AE 动画制作的难度。

任务导入

登录哔哩哔哩等相关网站，观摩并学习 AE 立方体类动画制作技巧。

任务准备

分析用空对象调整视角的技巧，体会"父级关联器"的重要性。

任务实施

步骤	说明或截图
❶ 在 AE 中新建一个合成，并使用"矩形工具"绘制一个正方形。 展开"形状图层→内容"选项，将正方形的大小设置为 300。	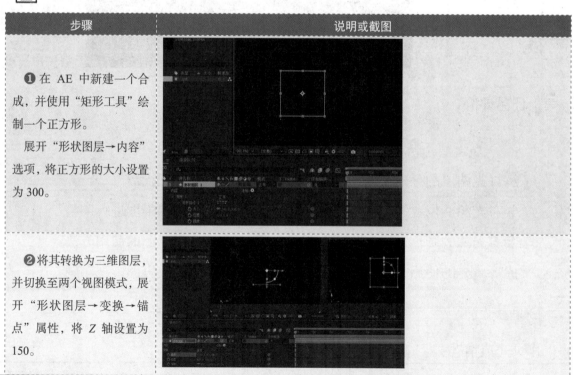
❷ 将其转换为三维图层，并切换至两个视图模式，展开"形状图层→变换→锚点"属性，将 Z 轴设置为 150。	

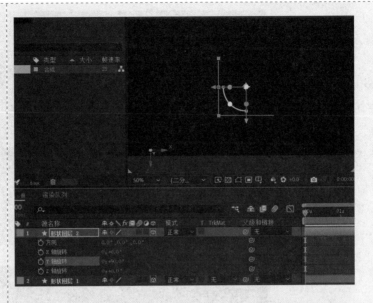

❸按快捷键 Ctrl+D 复制图层，并在"Y 轴旋转"中输入数值 90，形成空心立方体的左面。

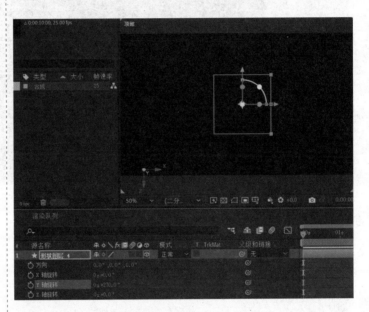

❹按快捷键 Ctrl+D 复制图层，并在"Y 轴旋转"中输入数值 180，形成空心立方体的后面；按快捷键 Ctrl+D 复制图层，并在"Y 轴旋转"中输入数值 270，形成空心立方体的右面。

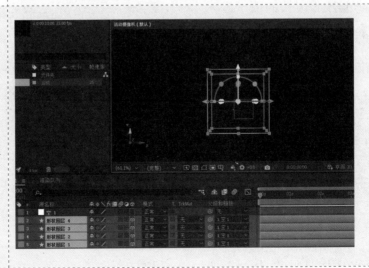

❺切换至一个视图模式，新建一个空对象图层。
将空心立方体 4 个面的父级绑定至空对象。

❻ 将空对象图层转换为三维图层，并按 R 键展开其"旋转"属性，调整"X轴旋转"和"Y轴旋转"的值，如图所示。

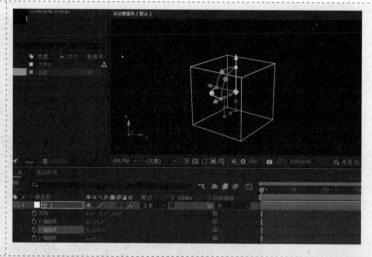

❼ 单击"Y 轴旋转"前的"码表"图标，在工作区域的开头和结尾处打上关键帧，完成空心立方体绕 Y 轴的旋转动画制作。

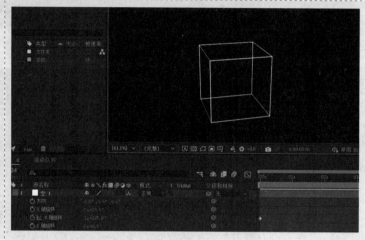

📋 任务评价

1. 自我评价

□ 绘制正方形形状图层

□ 调整正方形边长的值

□ 三维图层锚点的移动

□ 三维对象的空间旋转

□ 学会使用"父级关联器"

□ 使用空对象调整立体视角

□ 使用空对象制作立体旋转动画

□ 思考空心立方体的其他制作方法

2. 教师评价

工作页完成情况：□ 优 □ 良 □ 合格 □ 不合格

任务三　盒子展开

| | 学习领域：三维合成 | 班级： | 姓名： |
| | | 地点： | 日期： |

任务目标

1. 学会图层的对齐操作。

2. 学会空对象图层的设置。

3. 学会使用"父级关联器"。

4. 认识空对象的正确运用，可大大提高作品的质量和制作效率。

任务导入

登录哔哩哔哩等相关网站，观摩并学习 AE 立方体类动画制作技巧。

任务准备

分析立方体动效制作的方法，梳理制作流程，简化制作步骤。

任务实施

步骤	说明或截图
❶在 AE 中新建一个合成，并使用"矩形工具"绘制一个正方形。	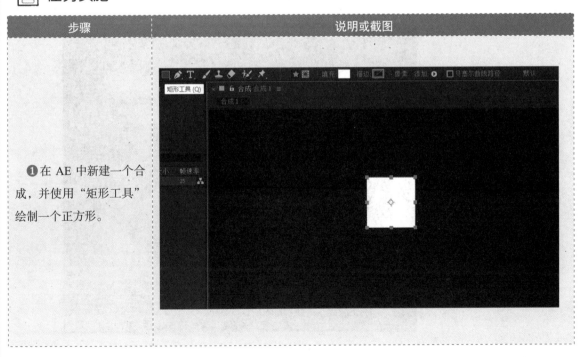

❷ 按快捷键 Ctrl+D 复制 5 次图层，并将锚点移至边缘处。

选择上方工具栏中的"对齐"选项，将 6 个图层排列为如图所示的形状。

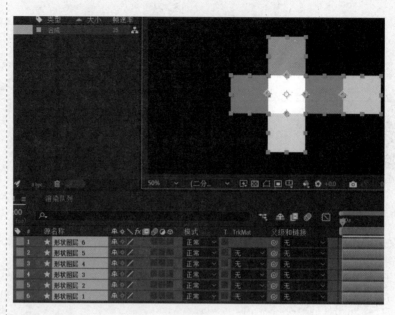

❸ 新建一个空对象图层，并将白色正方形所在的图层（形状图层 1）通过"父级关联器"关联至空对象。

与白色正方形相邻的 4 个图形是通过"父级关联器"关联至白色图层的；浅蓝色图层则是以紫色图层为父级的。

❹ 将全部图层转换为三维图层。

选中空对象所在的图层，按 R 键展开其"旋转"属性。

调整"X 轴旋转"和"Z 轴旋转"的值，如图所示。

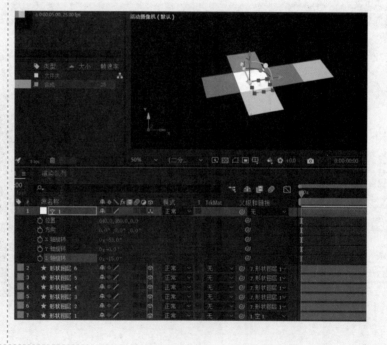

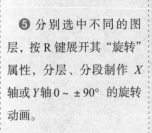

❺ 分别选中不同的图层，按 R 键展开其"旋转"属性，分层、分段制作 X 轴或 Y 轴 0 ~ ±90°的旋转动画。

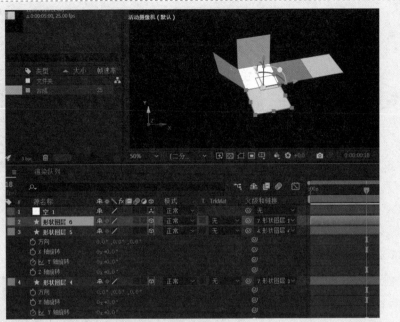

❻ 先对最右侧的两个图形统一旋转，再单个旋转，使其合上顶盖。

注："父级关联器"具有继承属性。

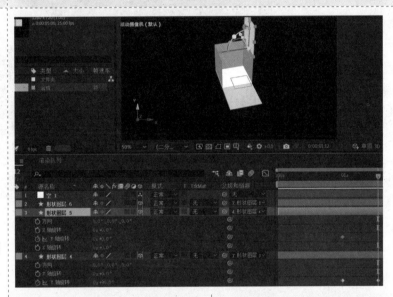

❼ 选中立方体的最后一个面，按 R 键展开其"旋转"属性，制作绕 X 轴 90° 旋转的动画。

选中空对象所在的图层，按 R 键展开其"旋转"属性，在"Z 轴旋转"上打上两个关键帧。

至此，盒状立方体的旋转动画效果制作完成。

注：盒子展开是盒子收拢的逆过程。盒子展开的具体操作如下。

选中所有图层，先进行"预合成"操作，再选择"时间反向图层"命令即可。

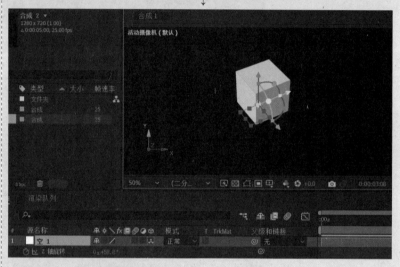

📔 任务评价

1. 自我评价

□ 了解空对象图层　　　　　　　□ 学会使用工具栏中的"对齐"功能

□ 学会使用"父级关联器"　　　　□ 了解"父级关联器"的继承属性

□ 制作盒子收拢动画　　　　　　□ 制作盒子展开动画

□ 使用空对象制作盒子旋转动画　□ 思考盒状立方体的其他制作方法

2. 教师评价

工作页完成情况：□ 优　□ 良　□ 合格　□ 不合格

任务四 柔性立方体

学习领域：三维合成	班级：	姓名：
	地点：	日期：

模块七 三维图层

任务目标

1. 学会使用"对齐"功能制作立方体。

2. 学会对象的水平和垂直翻转设置。

3. 掌握"湍流置换"效果的运用。

4. 进一步学习如何使用空对象来调整视角及制作动画。

任务导入

登录哔哩哔哩等相关网站，学习立方体的高级动画制作。

任务准备

分析六面体的高级动效特性，梳理制作流程。

任务实施

步骤	说明或截图
❶在 AE 中新建两个合成，合成 1 的分辨率为 1280px×720px，合成 2 的分辨率为 720px×720px。 在合成 2 中使用"矩形工具"绘制一个 720px×720px 的正方形，并输入文字，得到立方体的一个面。	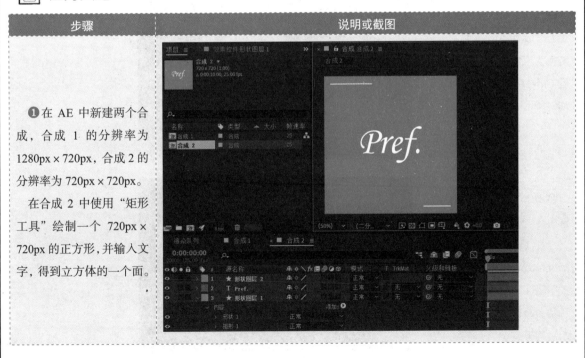

❷ 在"项目"面板中选中合成 2，按快捷键 Ctrl+D 复制出一个合成 3。双击合成 3，修改其中的文字，如图所示。

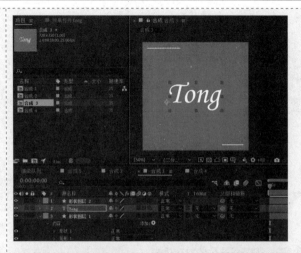

❸ 在"项目"面板中选中合成 3，按快捷键 Ctrl+D 复制出一个合成 4。双击合成 4，修改其中的文字和矩形颜色，如图所示。

❹ 先将合成 2~合成 4 拖曳至合成 1 中，并将其全部转换为三维图层，再按快捷键 Ctrl+D 复制出 3 个图层，如图所示。

❺ 切换至两个视图模式，选中合成 2，先按 P 键展开其"位置"属性，沿 Z 轴向后移动 360px；再按 S 键展开其"缩放"属性，在 X 轴的数值前添加负号，从而实现对象的水平翻转。

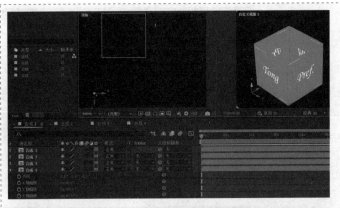

❻ 使用同样的方法可以得到立方体的另外两个侧面。

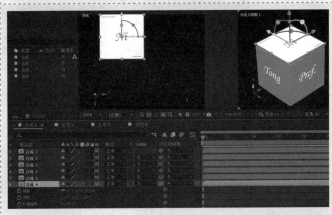

❼ 选中合成4，按R键展开其"旋转"属性，在"X轴旋转"中输入数值-90。

选择上方工具栏中的"对齐"选项，选中一条边，拖曳对齐立方体的顶部。

另一个合成4也使用同样的方法操作，并拖曳对齐立方体的底部。

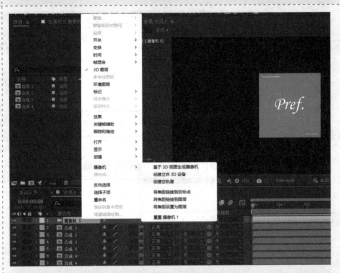

❽ 新建一个摄像机图层并右击，在弹出的快捷菜单中选择"摄像机→创建空轨道"命令，从而新建一个空对象图层。

❾ 选中空对象图层，按R键展开其"旋转"属性，分段制作立方体的旋转动画。

选中全部关键帧，按F9键进行"缓动"。

⓾ 选中全部图层并右击，在弹出的快捷菜单中选择"预合成"命令，从而新建一个预合成图层。

⓫ 新建一个纯色图层作为背景层，并将其放置于预合成图层的下方。

添加"梯度渐变"效果，如图所示。

⓬ 选中预合成图层，添加"湍流置换"效果，并在"效果控件"面板中将"数量""大小"打上关键帧。

先按 Alt 键，再单击"演化"前的"码表"图标，输入表达式：time*20，完成最终的效果制作。

📋 任务评价

1. 自我评价

☐ 进一步掌握工具栏中"对齐"功能的使用　　☐ 了解合成嵌套的概念

☐ 学会使用空对象关联摄像机的新方法　　　☐ 了解使用空对象控制摄像机的原理

☐ 增强立体空间想象力　　　　　　　　　　☐ 添加"梯度渐变"效果

☐ 学会"湍流置换"效果设置　　　　　　　　☐ 学会表达式的正确输入

2. 教师评价

工作页完成情况：☐ 优 ☐ 良 ☐ 合格 ☐ 不合格

任务五 渐行渐远

学习领域：三维合成	班级：	姓名：
	地点：	日期：

任务目标

1. 学会为素材图片添加统一的边框。

2. 掌握图片素材的空间位置调整。

3. 进一步掌握双节点摄像机的动画设定。

4. 充分认识到使用摄像机制作多素材动画比使用关键帧制作效率更高。

任务导入

登录哔哩哔哩等相关网站，学习 AE 在制作三维图片动画与特效方面的技巧。

任务准备

准备一批图片素材。

任务实施

步骤	说明或截图
❶ 在 AE 中新建一个合成，并导入一个包含若干张图片的文件夹。	

❷将这些图片拖曳至图层中，并保持全选状态，按 S 键展开其"缩放"属性，适当缩小图片尺寸。

❸按快捷键 Ctrl+Shift+N 对各层图片新建蒙版。

选中所有图层，添加"描边"效果，并在"效果控件"面板中设置参数如下。

颜色：白色。

画笔大小：19.9。

❹将全部图层转换为三维图层。

切换至两个视图模式，在"顶部"视图中调整每张图片的 X 轴和 Z 轴坐标；在"活动摄像机"视图中调整每张图片的 Y 轴坐标。

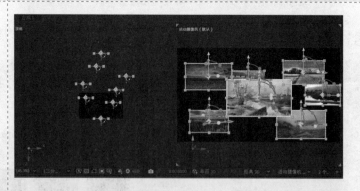

❺新建一个摄像机图层，并调整其位置，使其位于合成的中轴线。

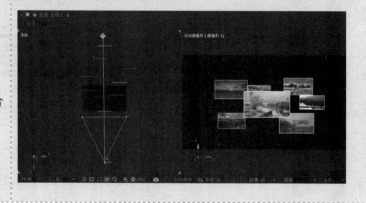

⑥ 展开"摄像机选项"，开启"景深"，并调整焦距和光圈的数值。

按 P 键展开其"位置"属性，在工作区域的开头和结尾处添加关键帧。

选中关键帧，按 F9 键进行"缓动"。

⑦ 新建一个纯色图层，并为其添加"梯度渐变"效果，在"效果控件"面板中将"渐变形状"设置为"径向渐变"，并调整起点、终点的颜色和位置。

最终完成若干张图片在空间中的渐行渐远动画效果制作。

📒 任务评价

1. 自我评价

☐ 新建图片蒙版

☐ 掌握快捷键 Ctrl+Shift+N 的使用

☐ 学会图片描边处理

☐ 学会多视图模式下的图片空间位置调整

☐ 学会"摄像机选项"参数调整

☐ 深化摄像机位置动画制作

☐ 学会"梯度渐变→径向渐变"效果设置

☐ 认识到摄像机对非三维图层不起作用

2. 教师评价

工作页完成情况：☐ 优　☐ 良　☐ 合格　☐ 不合格

任务六　AE 相册

学习领域：三维合成	班级：	姓名：
	地点：	日期：

💡 任务目标

1. 学会对象的空间分布。

2. 掌握绘制图片边框的多种方法。

3. 掌握空对象在制作动画时的节奏控制。

4. 认识到在拥有众多相册模板的当下，手工制作电子相册的技术创作之美。

🔧 任务导入

登录哔哩哔哩等相关网站，观摩并学习 AE 相册动效，动手创作属于自己的作品。

🔬 任务准备

准备一批图片素材。

📒 任务实施

步骤	说明或截图
❶在 AE 中导入一批图片，并将其存放于 image 文件夹。 　新建两个合成，合成 1 的分辨率为 720px×720px，合成2的分辨率为1280px×720px。	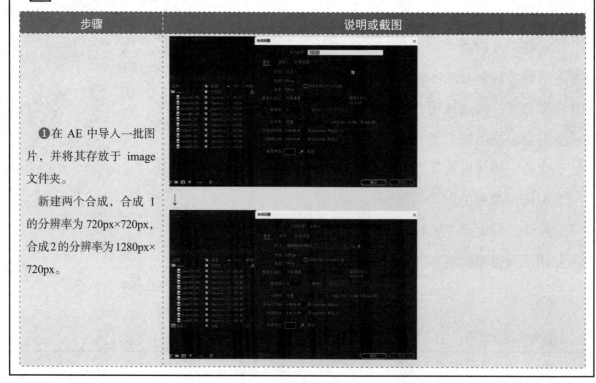

❷在合成 1 中使用"矩形工具"新建一个空心方框，并在其下方添加一张图片，完成合成 1 的制作。

❸选中合成 1，在"项目"面板中按快捷键 Ctrl+D 复制出多个合成 n。

将合成 2 命名为"总合成"。

将合成 n 拖曳至总合成中，先逐个双击打开，再用"项目"面板 image 文件夹中的图片逐个替换合成 n 中的图片。

注：在拖曳图片进行替换时需要按住 Alt 键。

❹选中总合成中的所有图层，并将其转换为三维图层，准备在空间中进行排列。

模块七

三维图层

❺ 切换至两个视图模式，在"顶部"和"活动摄像机"视图中调整图片在空间中的排列，如图所示。

❻ 新建一个摄像机图层，同时创建其父级的空对象。

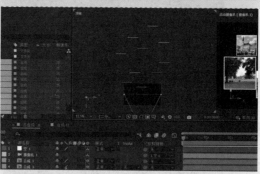

❼ 选中空对象图层，按 P 键展开其"位置"属性，相距一定的间隔打上关键帧，先按 F9 键进行"缓动"，再将速度曲线调整为"先快后慢"。

❽ 按住 Alt 键，同时单击空对象"位置"前的"码表"图标，输入表达式：wiggle(1,25)，完成图片的轻微抖动效果制作。

打开图层"运动模糊"的总开关和分开关，完成最终的效果制作。

📋 任务评价

1. 自我评价

☐ 学会"项目"面板中的资料管理　　☐ 掌握绘制图片边框的多种方法

☐ 替换合成中的图片　　☐ 两个视图模式下对象的空间位置调整

☐ 调整速度曲线实现"先快后慢"　　☐ 设置图层的"运动模糊"效果

☐ 找到输入 AE 表达式的入口　　☐ 正确输入 wiggle() 表达式并调整其参数

2. 教师评价

工作页完成情况：☐ 优 ☐ 良 ☐ 合格 ☐ 不合格

任务七　3D 文字动画

	学习领域：三维合成	班级：	姓名：
		地点：	日期：

💡 任务目标

1. 进一步掌握对象的空间位置调整。

2. 学会"三色调"效果的运用。

3. 学会"时间置换"效果的运用。

4. 提高知识产权意识，使用授权、合规的字体。

🔧 任务导入

登录哔哩哔哩等相关网站，观摩并学习 AE 的立体文字动效。

🔬 任务准备

分析立体文字动效的应用场景，提高创作灵感。

📖 任务实施

步骤	说明或截图
❶ 在 AE 中先新建一个分辨率为 1280px×720px 的合成，并命名为"总合成"，再新建一个分辨率为 800px×100px 的合成 1。	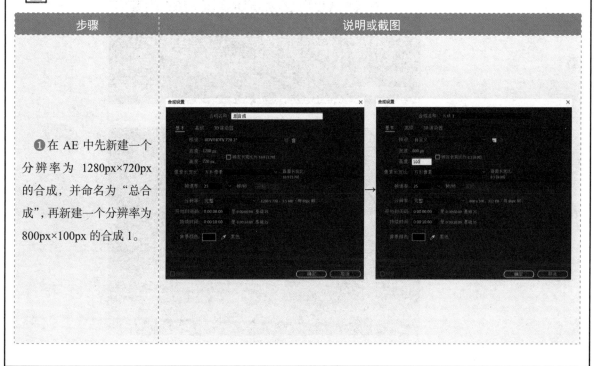

❷新建一个纯色图层，并将背景颜色设置为白色。

输入一行文本，并添加"CC RepeTile"效果，使文本向右端重复。

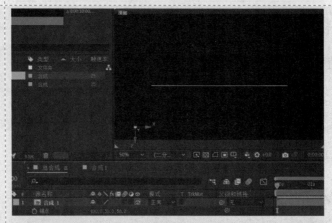

❸将合成1拖曳至总合成中，并将其转换为三维图层。

切换至两个视图模式，准备进行空间排列。

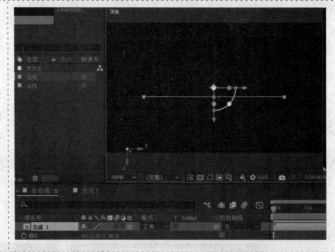

❹选中合成1，按A键展开其"锚点"属性，在Z轴输入数值50，准备对其进行复制加旋转操作。

❺先按快捷键Ctrl+D复制合成1所在的图层，再按R键展开其"旋转"属性，并在"X轴旋转"中输入数值-90。

❻先按两次快捷键Ctrl+D复制两个图层，再按R键展开其"旋转"属性，并在"X轴旋转"中分别输入数值-180、-270，这样就形成了一个四面体。

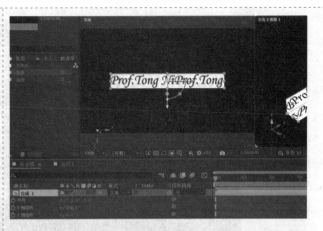

❼分别选中上、下两个面，并添加"三色调"效果。在"效果控件"面板中将"高光"设置为"蓝色"，"阴影"设置为"白色"。

❽新建一个空对象图层，并将其转换为三维图层。

使用"父级关联器"将其他4个图层的父级都绑定至空对象图层。

按R键展开其"旋转"属性，在"X轴旋转"上打上若干个关键帧，制作沿X轴旋转的动画。

❾新建一个纯色图层，并添加"梯度渐变"效果，将"渐变起点"设置在最左边，"渐变终点"设置在最右边。

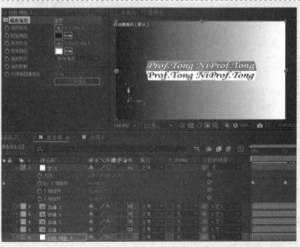

⑩新建一个调整图层，并添加"时间置换"效果，在"时间置换图层"中分别选择纯色图层、效果和蒙版，完成最终的效果制作。

📋 任务评价

1. 自我评价

□ 掌握"CC RepeTile"效果中的参数调整

□ 注意"CC RepeTile"效果与"动态拼贴"效果的区别

□ 熟悉对象空间锚点的调整

□ 快速制作四面体

□ 掌握"三色调"效果中的参数调整

□ 掌握"梯度渐变"效果中的参数调整

□ 进一步掌握调整图层的运用

□ 掌握"时间置换"效果中的参数调整

2. 教师评价

工作页完成情况：□ 优 □ 良 □ 合格 □ 不合格

任务八 立体飘带

学习领域：三维合成	班级：		姓名：
	地点：		日期：

💡 任务目标

1. 学会"径向渐变"的新用法。

2. 学会设置"适合复合宽度"。

3. 掌握"自动滚动-水平"效果的运用。

4. 掌握"CC Ball Action"效果的运用。

✒️ 任务导入

登录哔哩哔哩等相关网站，观摩立体飘带动画，感受艺术之美。

🔬 任务准备

进一步熟悉"效果和预设"面板中的内容，提高作品的制作效率。

📖 任务实施

步骤	说明或截图
❶在 AE 中新建一个合成，并使用"矩形工具"绘制一个矩形。 先打开"渐变编辑器"对话框，编辑好渐变色，再对矩形进行"径向渐变"操作。 按快捷键 Ctrl+Shift+Alt+H 可以让矩形自动适应合成宽度。	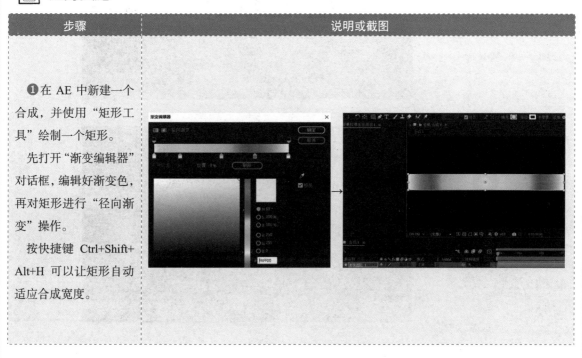

❷输入一行文字，先居中对齐两个图层，再进行"预合成"操作。

❸添加"自动滚动-水平"效果，并在"效果控件"面板中将"速度（像素/秒）"的值设置为 300，使滚动的速度比预设的更快些。

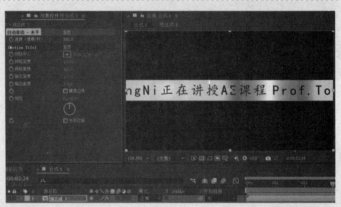

❹添加"CC Ball Action"效果，并在"效果控件"面板中设置参数如下。

Grid Spacing：0。

Ball Size：300。

❺在"效果控件"面板中将"CC Ball Action"效果中的"Twist Angle"设置为1，并在"Rotation"项上打上关键帧。至此，立体飘带动画基本形成。

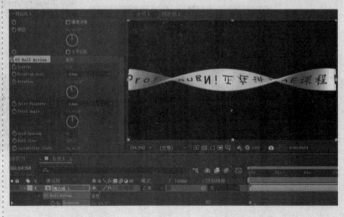

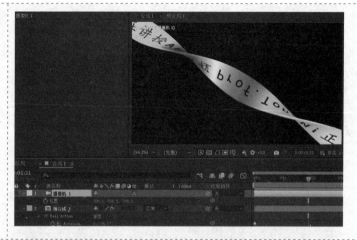

❻新建一个摄像机图层，并对立体飘带的位置进行如图所示的调整。

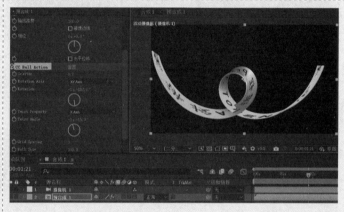

❼在"CC Ball Action"效果中调整"Twist Property"参数的值，可以对立体飘带的形状做出其他改变。

📋 任务评价

1. 自我评价

☐ 设置"径向渐变"实现对称填充

☐ 学会设置"适合复合宽度"

☐ 添加"自动滚动-水平"效果

☐ 找到与"自动滚动-水平"类似的效果

☐ 添加"CC Ball Action"效果

☐ 掌握"CC Ball Action"效果中的参数调整

☐ 能对立体飘带的形状做出改变

☐ 深入了解"效果和预设"面板中的内容

2. 教师评价

工作页完成情况：☐ 优 ☐ 良 ☐ 合格 ☐ 不合格

模块八

常用表达式

任务一　几个常用表达式

	学习领域：AE 表达式	班级：	姓名：
		地点：	日期：

💡 任务目标

1. 掌握在 AE 中输入表达式的方法。

2. 掌握 time、valueAtTime 和 index 表达式的运用。

3. 学会使用表达式来控制对象的属性。

4. 与关键帧动画相比，使用表达式可以大大提高作品的质量和制作效率。

🔧 任务导入

登录抖音、哔哩哔哩，观摩并学习 AE 表达式动画的制作技巧，减少重复劳动。

🔬 任务准备

初步了解对象 P、S、R、T 这 4 个属性的维度，即 R、T 属性仅具有一个维度；P、S 属性则具有两个维度，并采用[m,n]架构。

📋 任务实施

步骤	说明或截图
❶在 AE 中先新建一个合成，再导入一张图片，并将其拖曳至"新建合成"按钮，从而创建一个新的合成。	

模块八　常用表达式

❷ 添加"CC Kaleida"效果至图片所在的图层，从而形成万花筒的雏形。

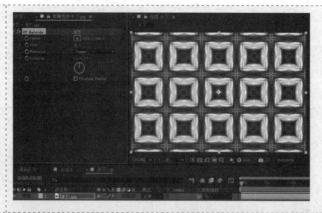

❸ 按住 Alt 键，同时单击"Rotation"前的"码表"图标，进入表达式的书写状态，输入表达式：time*20，表示以时间为基本单位，并放大 20 倍进行旋转，最终完成万花筒的动画效果制作，如图所示。

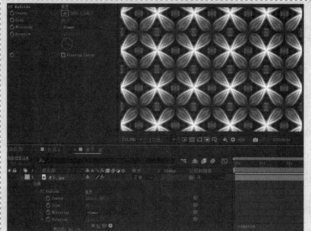

❹ 使用"圆角矩形工具"绘制一个圆角矩形，并分别在其"缩放"和"旋转"属性上打上两个关键帧，在 2s 内制作一段从小到大旋转一周的动画。

选中所有关键帧，按 F9 键进行"缓动"，并调整速度图表曲线，如图所示。

❺ 按住 Alt 键，同时单击"旋转"前的"码表"图标，输入表达式：valueAtTime(time-index*0.1)，表示按层级编号（index）逐层延时 0.1s 再开始动作。

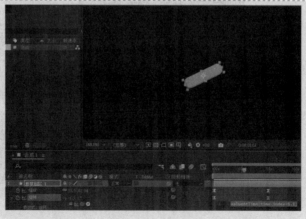

❻按 T 键展开其"不透明度"属性。

按住 Alt 键，同时单击"旋转"前的"码表"图标，输入表达式：index*25-5，表示图层的不透明度按层级编号（index）逐层放大 25 倍后，再减去 5。

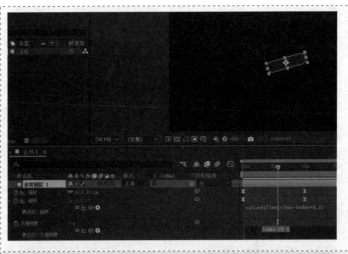

❼按快捷键 Ctrl+D 复制 3 次图层，index 图层编号为 2～4，最终展现如图所示的结果。

📝 任务评价

1. 自我评价

☐ 添加"CC Kaleida"效果

☐ 在绘制圆角矩形时，使用方向键改变圆角的大小

☐ 掌握 time 表达式的运用

☐ 掌握 valueAtTime 表达式的运用

☐ 掌握 index 表达式的运用

☐ 掌握上述 3 个表达式的组合运用

☐ 了解表达式是区分大小写的

☐ 了解多维度表达式的[m,n,u]架构

2. 教师评价

工作页完成情况：☐ 优 ☐ 良 ☐ 合格 ☐ 不合格

任务二 连接建立表达式

	学习领域：AE 表达式	班级：	姓名：
		地点：	日期：

💡 任务目标

1. 进一步掌握 Roto 笔刷抠像。

2. 能将音频转换为关键帧。

3. 能正确运用 value 表达式。

4. 学会通过表达式关联器连接建立表达式，降低编程难度。

🖊 任务导入

登录抖音、哔哩哔哩，学习通过关联器建立 AE 表达式的方法，降低学习难度，提高学习兴趣。

🔬 任务准备

了解 value 表达式的格式，可以对表达式做进一步的优化。

📋 任务实施

步骤	说明或截图
❶在 AE 中导入图片和音频素材，先将图片拖曳至"新建合成"按钮，创建一个新的合成，再将音频拖曳至图层中。	

❷ 按快捷键 Ctrl+D 复制图片所在的图层。

双击该图层，使用"Roto笔刷工具"选中图片中的建筑物。

注：按住 Ctrl+鼠标左键可以调整笔刷大小。

❸ 返回到合成中，使用"向后平衡（锚点）工具"将锚点移至建筑物的下方。

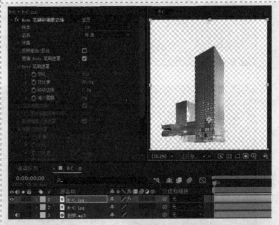

❹ 选中音频所在的图层并右击，在弹出的快捷菜单中选择"关键帧辅助→将音频转换为关键帧"命令。

❺ 展开刚生成的"音频振幅"图层，删除另外两个声道，仅保留左声道上的关键帧。

❻选中抠像图片所在的图层，按 S 键展开其"缩放"属性。

按住 Alt 键，同时单击"缩放"前的"码表"图标，开始输入表达式。

使用表达式关联器建立"缩放"与"滑块"之间的关联，即可完成两行表达式的自动输入。

❼修改表达式如下。

temp = thisComp.layer("音频振幅").effect("左声道")("滑块");

[value[0], value[1]+temp]

这两行表达式表示 X 轴不动，Y 轴取其当前位置的值再加上音频滑块的值。

📋 任务评价

1. 自我评价

☐ 使用"Roto 笔刷工具"进行精确抠像

☐ 对 Roto 笔刷大小进行调整

☐ 将音频转换为关键帧

☐ 进一步掌握表达式的输入方法

☐ 使用表达式关联器连接建立表达式

☐ 读懂自动输入的两行表达式的内容

☐ 掌握 value[0～3]的准确含义

☐ 尝试将音频生成的关键帧用于 P、R、T 等属性

2. 教师评价

工作页完成情况：☐ 优 ☐ 良 ☐ 合格 ☐ 不合格

任务三　音频波谱

学习领域：AE 表达式	班级：	姓名：
	地点：	日期：

🔆 任务目标

1. 深化"中继器"在多维度中的运用。

2. 能正确运用 wiggle()表达式。

3. 能正确运用 Math.round()表达式。

4. 优化 AE 表达式，提高代码的执行效率。

✏️ 任务导入

登录抖音、哔哩哔哩，通过学习 AE 表达式类动画，进一步认识代码编程的重要性。

🔬 任务准备

思考如何对 wiggle()表达式的运用做进一步的拓展。

📖 任务实施

步骤	说明或截图
❶在 AE 中新建一个合成，并使用"矩形工具"绘制一个矩形，设置其大小为 100px × 60px。	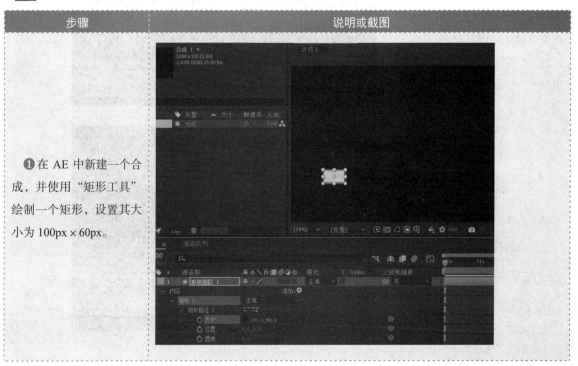

❷添加一个"中继器",并将"副本"设置为 5,"位置"设置为 (0,-64),如图所示。

❸按住 Alt 键,同时单击"副本"前的"码表"图标,输入表达式:Math.round(wiggle(3,4)),表示对 -4～4 区间内抖动的值进行四舍五入取整。

❹按住 Alt 键,同时单击"位置"前的"码表"图标,输入表达式:[value[0]+(index-1)*100,value[1]],表示每层沿 X 轴向右移动 100 px,而在 Y 轴方向上保持不变。

注:P 属性也可以通过右击,在弹出的快捷菜单中选择"单独尺寸"命令来设置。

❺按 6 次快捷键 Ctrl+D 复制出 6 个图层,如图所示。

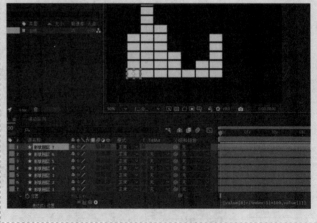

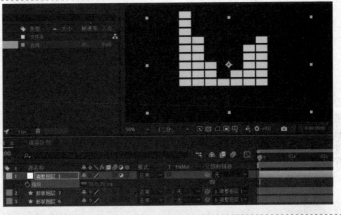

❻新建一个调整图层，并将其作为所有形状图层的父级，再将所有形状图层整体缩小。

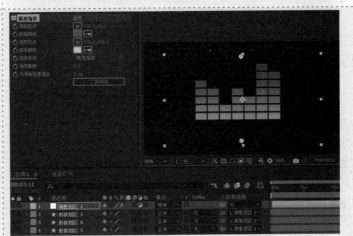

❼添加"梯度渐变"效果，在"效果控件"面板中修改"起始颜色"和"结束颜色"，并将图层混合模式设置为"相乘"，完成最终的效果制作。

注：设置图层混合模式的快捷键为 Shift + "−"/Shift + "+"。

📋 任务评价

1. 自我评价

☐ 明确"中继器"的应用场景

☐ 学会调整"中继器"复制对象的位置

☐ 学会对"中继器"的相关属性加表达式

☐ 了解 AE 中的"单独尺寸"命令

☐ 了解 AE 中与 Math.round()类似的表达式

☐ 学会 index 表达式的灵活运用

☐ 学会 value 表达式的灵活运用

☐ 学会图层混合模式的快速设置

2. 教师评价

工作页完成情况：☐ 优 ☐ 良 ☐ 合格 ☐ 不合格

任务四　三维旋转

学习领域：AE 表达式	班级：	姓名：
	地点：	日期：

任务目标

1. 进一步学习三维中的"锚点"移动。

2. 掌握 time、index 单维表达式的组合使用方法。

3. 学习不用摄像机和空对象也能调整视角的方法。

4. 拓展图片的此类三维旋转效果制作方法。

任务导入

登录抖音、哔哩哔哩，学习用 AE 表达式制作对象三维旋转的方法，使作品更具观赏性。

任务准备

尝试减少对关键帧和摄像机的依赖，制作类似的三维旋转动效。

任务实施

步骤	说明或截图
❶在 AE 中新建一个合成，并使用"矩形工具"绘制一个矩形。	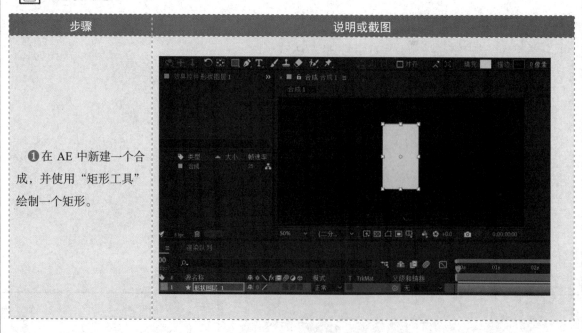

❷ 将形状图层转换为三维图层，并切换至两个视图模式。在"顶部"视图中将"锚点"沿 Z 轴向后移动 200px。

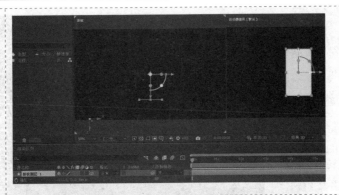

❸ 按 R 键展开其"旋转"属性，按住 Alt 键，同时单击"Y 轴旋转"前的"码表"图标，输入表达式：(index-1)*60，表示复制的图层每次都旋转 60°。

❹ 按 5 次快捷键 Ctrl+D 复制出 5 个图层，自动围成六面体。

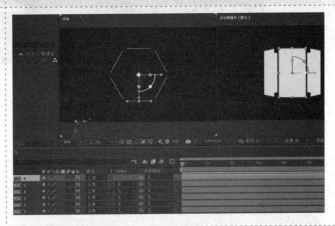

❺ 切换至一个视图模式，使用工具栏中的"绕光标旋转工具"调整视角，如图所示。

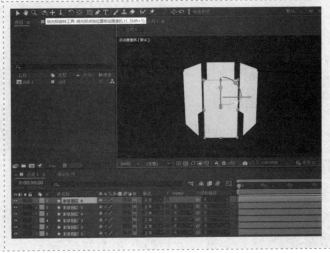

❻ 分别选中各个形状图层，并更改其颜色。

新建一个空对象图层，并将其作为 6 个形状图层的父级。

将空对象图层转换为三维图层，按 R 键展开其"旋转"属性。

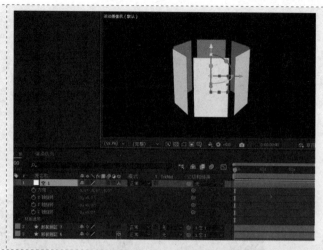

❼ 按住 Alt 键，同时单击空对象图层"Y 轴旋转"前的"码表"图标，输入表达式：time*36，表示让六面体在 10s 内绕 Y 轴旋转一周。完成最终的三维旋转效果制作。

提示：若要将矩形替换为图片，则需从新建合成入手。

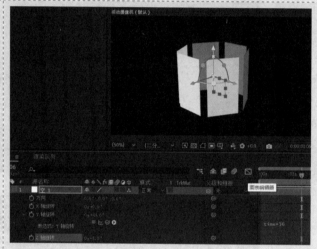

📖 任务评价

1. 自我评价

☐ 掌握移动"锚点"的按键 Y

☐ 按住 Ctrl 键将"锚点"对齐中心

☐ 在多个视图中观察"锚点"是否居中

☐ 进一步熟悉工具栏

☐ 学会使用"绕光标旋转工具"

☐ 按照时长计算出六面体旋转一周的时间

☐ 思考如何显示形状图层的两个面

☐ 思考如何将图形替换为图片

2. 教师评价

工作页完成情况：☐ 优 ☐ 良 ☐ 合格 ☐ 不合格

任务五　闪光

学习领域：AE 表达式	班级：	姓名：
	地点：	日期：

💡 任务目标

1. 掌握"CC Particle World"效果的运用。

2. 掌握"CC Light Rays"效果的运用。

3. 掌握"文本→动画→不透明度"效果的设置。

4. 掌握 random() 表达式的运用，了解动画设置的不确定性。

🖊 任务导入

登录抖音、哔哩哔哩，通过分析 AE 闪光类动画，找到表达式的切入点。

🔬 任务准备

思考如何对 random() 表达式的运用做进一步的拓展。

🎒 任务实施

步骤	说明或截图
❶ 在 AE 中先新建一个合成，再新建一个纯色图层，并添加"梯度渐变"效果，"起始颜色"和"结束颜色"的设置如图所示。	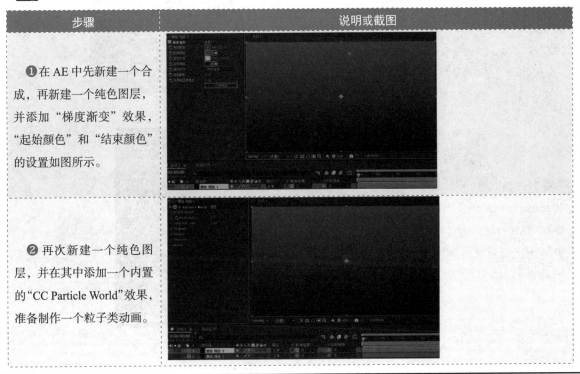
❷ 再次新建一个纯色图层，并在其中添加一个内置的"CC Particle World"效果，准备制作一个粒子类动画。	

❸在"效果控件"面板中对"CC Particle World"效果中的 Producer 和 Physics 这两项参数进行如下调整。

Radius X：0.525。

Gravity：1.0。

Resistance：50。

❹在"效果控件"面板中对"CC Particle World"效果中的 Particle 参数进行如下调整。

Particle Type：QuadPolygon。

Birth Size：0.15。

Death Size：0.03。

❺添加"CC Light Rays"效果，先按两次快捷键 Ctrl+D 复制该效果，再调整 3 个光束的 Intensity（强度）和 Center（中心）等参数，如图所示。

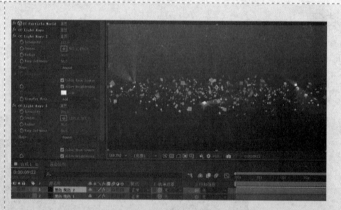

❻按住 Alt 键，同时单击"Intensity"前的"码表"图标，输入表达式：random(40,200)，表示让光束强度的取值在 40～200 范围内。

❼输入一行文本，并设置"文本→动画→不透明度"效果。继续单击"添加→选择器→摆动"按钮，并设置参数如下。

最大量：100%。

最小量：0%。

摇摆/秒：10。

❽最后添加"发光"效果，并调整"发光阈值"、"发光半径"和"发光强度"等参数，完成最终的效果制作。

📋 任务评价

1. 自我评价

☐ 掌握"CC Particle World"效果中的 Producer 参数调整

☐ 掌握"CC Particle World"效果中的 Physics 参数调整

☐ 掌握"CC Particle World"效果中的 Particle 参数调整

☐ 学会对"CC Light Rays"效果中的强度加表达式

☐ 了解"粒子"与"光线"的相对运动

☐ 掌握"发光"效果中的参数调整

☐ 设置"文本→动画→不透明度"效果

☐ 掌握"添加→选择器→摆动"中的参数调整

2. 教师评价

工作页完成情况：☐ 优 ☐ 良 ☐ 合格 ☐ 不合格

任务六　毛玻璃动效

学习领域：AE 表达式	班级：	姓名：
	地点：	日期：

任务目标

1. 学会在调整图层中添加特效和轨道遮罩。

2. 掌握"父级关联器"的使用。

3. 正确使用 wiggle()表达式。

4. 进一步认识到关联器和表达式的正确运用，可大大提高作品的质量和制作效率。

任务导入

登录哔哩哔哩等相关网站，观摩并学习近年来流行的毛玻璃动效，聆听时代的声音。

任务准备

分析毛玻璃动效的制作方法，梳理制作流程。

任务实施

步骤	说明或截图
❶ 在 AE 中新建一个合成，并使用"椭圆工具"分两层绘制两个正圆。	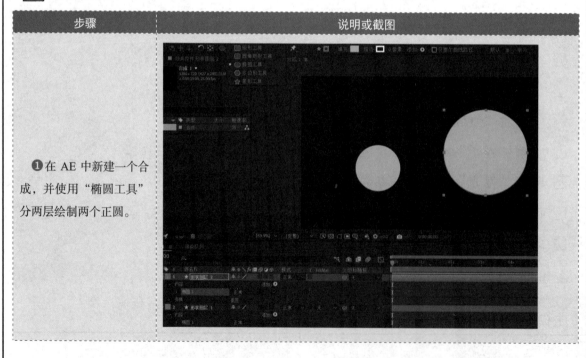

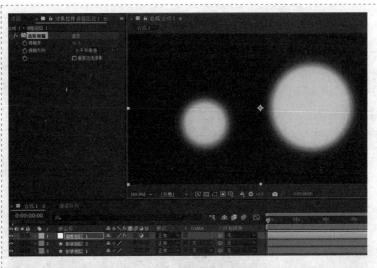

❷ 新建一个调整图层，并在其中添加一个"高斯模糊"效果，在"效果控件"面板中将"模糊度"设置为90.9。

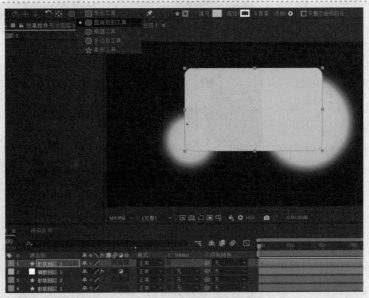

❸ 新建一个形状图层，并使用"圆角矩形工具"绘制一个圆角矩形。

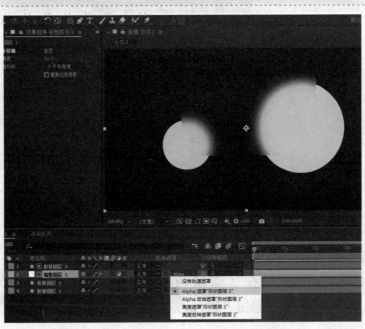

❹ 选中调整图层，设置轨道遮罩为"Alpha 遮罩'形状图层 3'"，即圆角矩形所在的图层。

❺ 按快捷键 Ctrl+D 复制圆角矩形所在的图层，并将圆角矩形设置为无填充、2 像素白线描边、65%不透明度。

注：也可以在调整图层中直接添加"描边"效果。

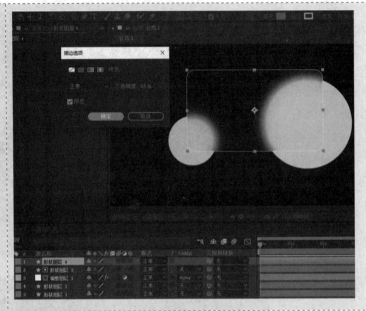

❻ 使用"父级关联器"将填充的圆角矩形绑定至描边的圆角矩形。

选中描边的圆角矩形所在的图层，按 P 键展开其"位置"属性。

按住 Alt 键，同时单击"位置"前的"码表"图标，输入表达式：wiggle(1,50)，表示让毛玻璃圆角矩形做频率为1、振幅为50的抖动。

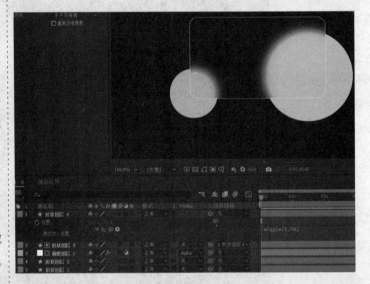

❼ 分别选中两个椭圆所在的图层，按 P 键展开其"位置"属性。

按住 Alt 键，同时单击"位置"前的"码表"图标，输入表达式：wiggle(1,50)，表示让两个椭圆也做频率为1、振幅为50的抖动。完成最终的毛玻璃动效制作。

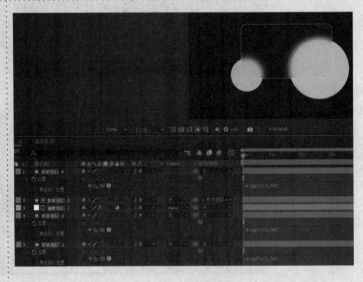

■️ 任务评价

1. 自我评价

☐ 在调整图层中添加"高斯模糊"效果

☐ 在调整图层中添加"描边"效果

☐ 掌握"高斯模糊"效果中的参数调整

☐ 建立圆角矩形轨道遮罩

☐ 在绘制圆角矩形时，使用方向键调整圆角的大小

☐ 学会图层的父级关联与表达式的父级关联

☐ 尝试在卡片上添加文字后一起抖动

☐ 尝试用 random() 表达式替代 wiggle() 表达式

2. 教师评价

工作页完成情况：☐ 优 ☐ 良 ☐ 合格 ☐ 不合格

模块八 常用表达式

任务七 三维图片环绕

	学习领域：AE 表达式	班级：	姓名：
		地点：	日期：

💡 任务目标

1. 学会用纯色图层来构建多面体。

2. 掌握"预合成"中的内容替换。

3. 准确理解 transform.yRotation 表达式的含义。

4. 进一步掌握各种关联器的使用，提高表达式的编写效率。

✏️ 任务导入

在抖音和哔哩哔哩上学习使用表达式制作图片环绕类动画的方法，博采众家之长。

🔬 任务准备

观摩多面体在空间中的旋转动画，分析其运动规律。

📖 任务实施

步骤	说明或截图
❶在 AE 中先新建一个合成，再新建一个纯色图层，大小如图所示。	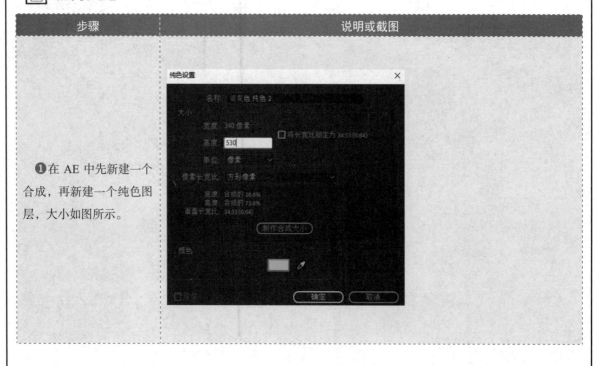

❷ 将二维图层转换为三维图层，并切换至两个视图模式。

按 A 键展开其 "锚点" 属性，并在 Z 轴输入数值 260。

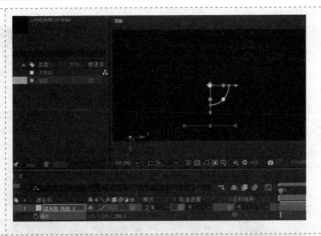

❸ 按 R 键展开其 "旋转" 属性，按住 Alt 键，同时单击 "Y 轴旋转" 前的 "码表" 图标，输入表达式：(index-1)*72，表示每个复制出的图层都按编号依次旋转 72°。

❹ 按 4 次快捷键 Ctrl+D 复制出 4 个图层，自动围成一个五面体，如图所示。

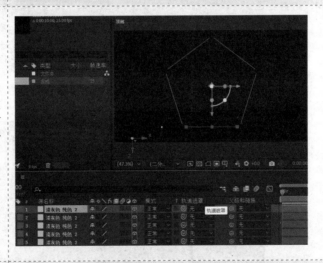

❺ 切换回一个视图模式，选中一个图层并右击，在弹出的快捷菜单中选择 "预合成" 命令，在弹出的对话框中选中 "保留'合成 1'中的所有属性" 单选按钮后单击 "确定" 按钮。

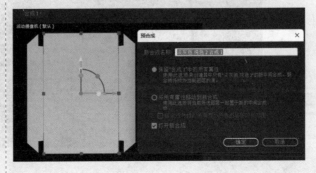

⑥ 在"项目"面板中导入一批图片,将其中一张图片拖曳至打开的"预合成"中,并调整图片大小,如图所示。

⑦ 逐一选中图层,先在"预合成"对话框中选中"保留'合成1'中的所有属性"单选按钮,再将图片拖曳进来,并调整图片大小,以此类推。

⑧ 新建一个空对象图层,并将其作为5张图片所在图层的父级,准备制作空对象的旋转动画。

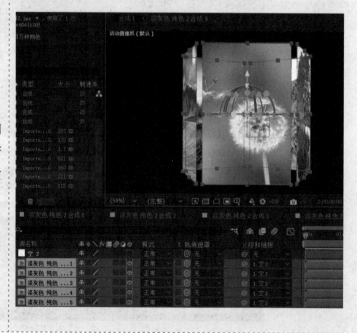

❾ 将空对象图层转换为三维图层，按 R 键展开空对象的"旋转"属性。

按住 Alt 键，同时单击"Y轴旋转"前的"码表"图标，输入表达式：time*36，表示让五面体每秒旋转36°。

最后将"X轴旋转"绑定"Y轴旋转"，完成最终的效果制作。

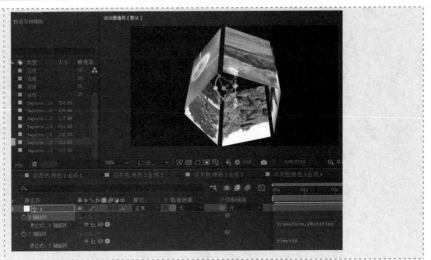

📝 **任务评价**

1. 自我评价

☐ 自定义纯色图层的大小

☐ 使用 index 表达式进行复制和旋转操作

☐ 掌握"预合成"选项设置

☐ 使用图片逐个替代"预合成"中的纯色图层

☐ 使用空对象控制五面体

☐ 使用 time 构建旋转表达式

☐ 建立 X 轴、Y 轴旋转关联

☐ 理解 transform.yRotation 表达式的含义

2. 教师评价

工作页完成情况：☐ 优 ☐ 良 ☐ 合格 ☐ 不合格

模块九

外部插件与模板

任务一 Saber 动效字

学习领域：外部扩展	班级：	姓名：
	地点：	日期：

💡 任务目标

1. 学会 Saber 插件的安装。

2. 了解 Saber 的应用范围。

3. 学会制作 Saber 文字类动画。

4. 认识到 AE 外部插件功能的强大与高效，是职场工作人员手中的利器。

📜 任务导入

登录哔哩哔哩等相关网站，观摩并学习使用 AE 外部插件制作酷炫动效的方法，拉近实战距离。

🔬 任务准备

找到本机的 AE 安装路径，准备 Saber 及其汉化插件的安装。

📋 任务实施

步骤	说明或截图
❶ 双击 Saber.exe 主程序，开始安装软件。 定位到 AE 的 Plug-ins 文件夹中，执行程序安装。安装完成后，Saber 就会出现在 AE 的"效果和预设"面板中。	

❷使用"文字工具"输入一行文本,准备作为"Saber"效果的主体。

❸新建一个纯色图层,并添加"Saber"效果,如图所示。

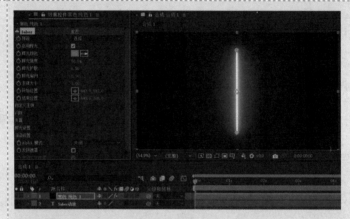

❹在"效果控件"面板中对"Saber"效果中的各项参数进行如下设置。

主体类型:文字图层。

文字图层:Saber 动效。

其他参数调整如图所示。

❺在"效果控件"面板中展开"Saber"效果中的"预设"下拉列表,选择"闪电"选项,可以制作出闪电类文字动效。

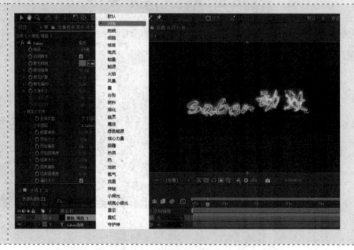

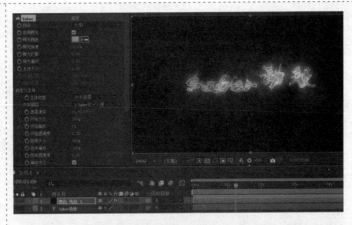

⑥ 在"效果控件"面板中展开"Saber"效果中的"预设"下拉列表，选择"火焰"选项，可以制作出火焰类文字动效。

⑦ 在"效果控件"面板中展开"Saber"效果中的"渲染设置"选项，对"Alpha模式"参数进行不同的设置，可以得到不同的动效。

📋 任务评价

1. 自我评价

☐ 安装 Saber 插件

☐ 汉化 Saber 插件

☐ 了解"Saber"效果承载的图层

☐ 了解"Saber"效果主体动效的设置

☐ 学会"闪电"文字动效制作

☐ 学会"火焰"文字动效制作

☐ 掌握"Saber"效果中的"渲染设置"参数调整

☐ 思考如何将"Saber"效果层进行"透明"处理

2. 教师评价

工作页完成情况：☐ 优 ☐ 良 ☐ 合格 ☐ 不合格

任务二　Saber 动效图

学习领域：外部扩展	班级：	姓名：
	地点：	日期：

任务目标

1. 绘制 Saber 遮罩图层。
2. 构建 Saber 自定义主体。
3. 制作 Saber 主体动画。
4. 设置 Saber 图层与背景层的混合，体会 AE 外部插件功能的强大与高效。

任务导入

登录哔哩哔哩等相关网站，用心观摩并学习使用 AE 外部插件制作酷炫动效的方法，注重 Saber 各项功能的组合使用。

任务准备

进一步掌握"Saber"效果中的参数调整。

任务实施

步骤	说明或截图
❶在 AE 中先新建一个合成，再新建一个纯色图层，并使用"椭圆工具"绘制一个正圆蒙版。	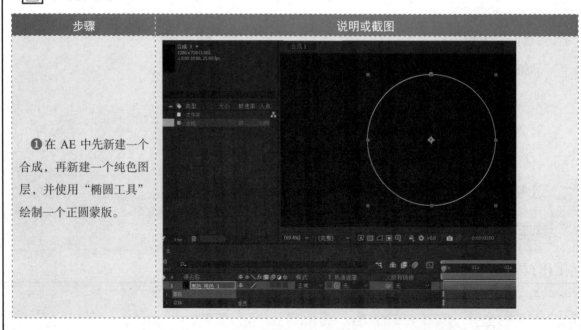

❷添加 "Saber" 效果，并展开 "效果控件" 面板，准备设置参数。

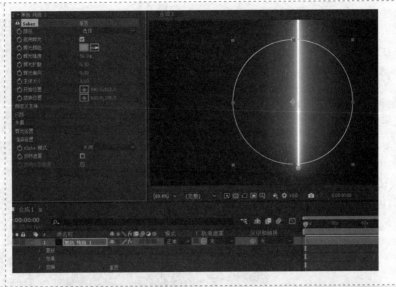

❸对 "Saber" 效果中的各项参数进行如下设置。
　预设：电流。
　遮罩演变：time*-180。
　开始大小：150%。
　开始偏移：75%。
　结束大小：0%。

❹先按快捷键 Ctrl+D 复制图层，再按 R 键展开其 "旋转" 属性，并输入数值 180。
　在 "效果控件" 面板中展开 "Saber" 效果，将 "辉光颜色" 设置为 "黄色"，"渲染设置→合成设置" 设置为 "透明"。

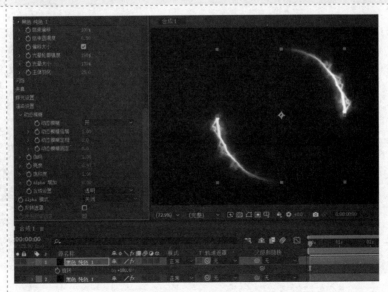

❺按快捷键 Ctrl+D 复制图层，并删除原先的正圆蒙版。

使用"钢笔工具"绘制"NT"字样的蒙版。

在"效果控件"面板中展开"Saber"效果，将"辉光颜色"设置为"紫色"，并调整"开始大小"的值为"100%"。

❻选中所有图层，在"效果控件"面板中展开"Saber"效果，将"渲染设置→合成设置"设置为"透明"。

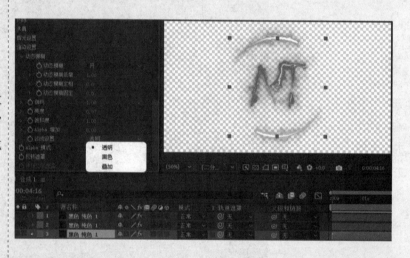

❼添加一个背景素材，实现 Saber 特效的透明混合叠加，完成最终的效果制作。

📝 **任务评价**

1. 自我评价

☐ 在纯色图层上绘制正圆蒙版

☐ 添加 "Saber" 效果并应用于蒙版之上

☐ 调整 Saber 主体为 1/4 正圆

☐ 制作 Saber 主体的旋转动画

☐ 设置 Saber 图层的透明叠加

☐ 在 "Saber" 效果层绘制任意形状的蒙版

☐ 更改 Saber 主体颜色

☐ 实现 Saber 特效的多层透明混合叠加

2. 教师评价

工作页完成情况：☐ 优 ☐ 良 ☐ 合格 ☐ 不合格

任务三　Optical Flares 动效字

学习领域：外部扩展	班级：	姓名：
	地点：	日期：

任务目标

1. 学会 Optical Flares 插件的安装。

2. 了解 Optical Flares 的应用范围。

3. 掌握光电文字动画效果制作。

4. 认识到只有 AE 内、外特效的组合使用，才能创作出高水平的作品。

任务导入

观摩并学习影视作品中流行的光电字特效，分析其制作手法。

任务准备

找到本机的 AE 安装路径，准备 Optical Flares 插件的安装。

任务实施

步骤	说明或截图
❶双击 Optical Flares.exe 主程序，开始安装软件。　定位到 AE 的 Plug-ins 文件夹中，执行程序安装。安装完成后，Optical Flares 就会出现在 AE 的"效果和预设"面板中。	

❷ 在 AE 中新建一个合成，使用"文字工具"输入一行文本并右击，在弹出的快捷菜单中选择"创建→从文字创建蒙版"命令。

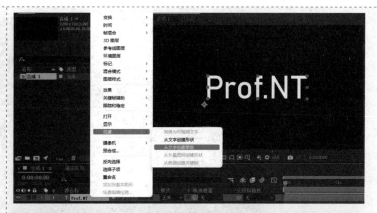

❸ 先将二维图层转换为三维图层，再添加"描边"效果，并在"效果控件"面板中设置参数如下。

顺序描边：取消勾选。

画笔大小：2。

结束：打上两个关键帧。

绘画样式：在透明背景上。

❹ 展开文字轮廓图层，并复制"P"字母内圈蒙版路径。

新建一个空对象图层，并将其转换为三维图层。按 P 键展开其"位置"属性，粘贴"P"字母内圈蒙版路径，从而形成空对象的路径动画。

按住 Alt 键，同时调整末关键帧至 2s 处。

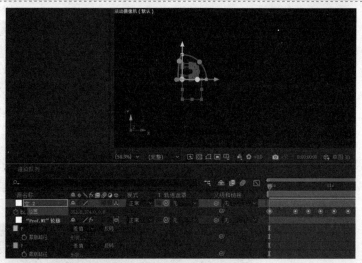

❺ 新建一个纯色图层，并添加"Optical Flares"效果，在"效果控件"面板中设置其参数如图所示。

❻在"效果控件"面板中，先按住 Alt 键，同时单击"位置 XY"前的"码表"图标，然后使用表达式关联器将其绑定至空对象的"位置"，完成光晕对内圈"P"字母的描边操作。

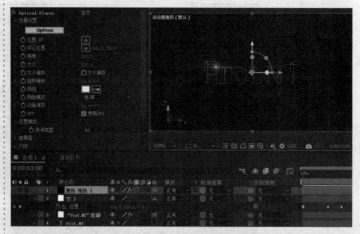

❼按快捷键 Ctrl+D 复制空对象图层和纯色图层。

清除空对象图层原有的"位置"关键帧。

展开文字轮廓图层，复制"P"字母外圈蒙版路径至空对象的"位置"，并调整时长。

❽在"效果控件"面板中将"Optical Flares"效果中的"颜色"设置为"浅红色"，从而改变光晕的颜色。

❾使用同样的方法对其他字母进行光晕描边和更改颜色的操作，最终效果如图所示，此处不再赘述。

任务评价

1. 自我评价

☐ 从文字图层创建文字蒙版

☐ 设置文字蒙版描边动效

☐ 复制字母蒙版路径至空对象的"位置"

☐ 调整空对象位置动画的时长

☐ 清除预设的"Optical Flares"光晕

☐ 自定义"Optical Flares"效果

☐ 通过表达式关联器建立光晕位置动画

☐ 调整"Optical Flares"光晕的大小及颜色

2. 教师评价

工作页完成情况：☐ 优 ☐ 良 ☐ 合格 ☐ 不合格

任务四　Optical Flares 动效图

学习领域：外部扩展	班级：	姓名：
	地点：	日期：

💡 任务目标

1. 学会地图等特殊符号的输入方法。

2. 熟练使用"CC Sphere"效果。

3. 掌握"Optical Flares"效果跟踪"点"光源的动画制作。

4. 在掌握动画与特效基本原理的基础上，灵活运用、举一反三。

🖊 任务导入

多思、多看 AE 光晕类动画特效，分析其制作手法及流程。

🔬 任务准备

了解 AE 中多重预合成的运用。

📖 任务实施

步骤	说明或截图
❶在 AE 中先新建一个合成，再新建一个纯色图层。 添加"分形杂色"效果，并调整"对比度"和"亮度"如图所示。	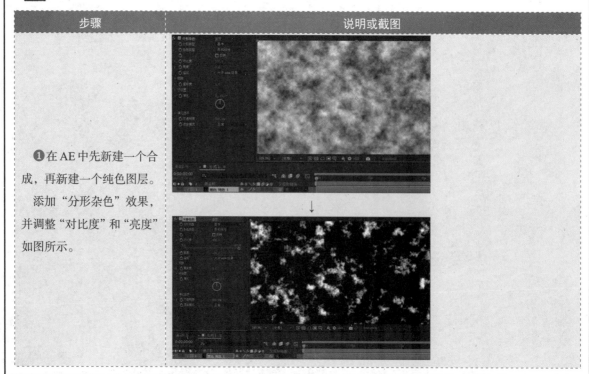

❷添加"CC Sphere"效果，制作一个球体。

在"效果控件"面板中调整"CC Sphere"效果中的"Light"参数，使球体的立体感更加逼真。

按住 Alt 键，同时单击"Rotation Y"前的"码表"图标，输入表达式：time*72。

添加"三色调"效果，并调整三色如图所示。

❸新建一个纯色图层，并使用"椭圆工具"绘制一个椭圆蒙版。

按 R 键展开其"旋转"属性，调整其旋转角度如图所示。

❹添加"描边"效果，并在"效果控件"面板中调整参数如下。

颜色：白色。

画笔大小：2。

结束：打上两个关键帧，绘制完整的圆。

绘画样式：在透明背景上。

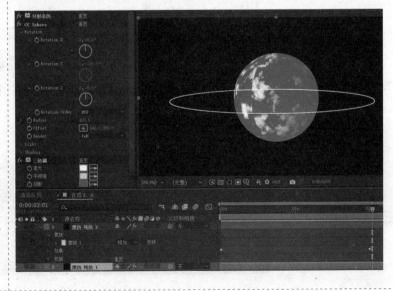

❺ 展开"蒙版路径",并将其复制到剪贴板中。

新建一个"点"光源的灯光图层,按 P 键展开其"位置"属性。

按快捷键 Ctrl+V 粘贴"蒙版路径",并调整关键帧的时长,从而形成"点"光源的圆周运动。

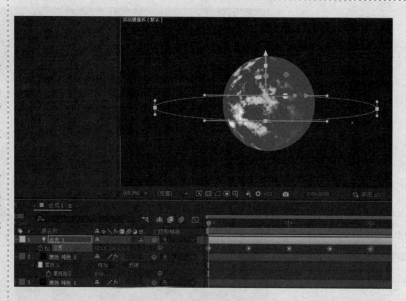

❻ 新建一个纯色图层,并添加"Optical Flares"效果。

在"效果控件"面板中将"Optical Flares"效果中的"来源类型"设置为"跟踪灯光",从而实现光晕在球体上进行圆周运动。

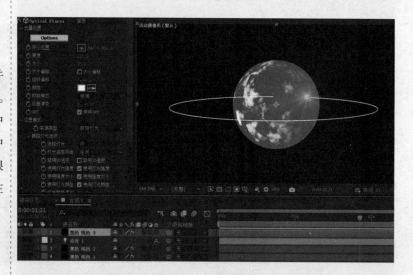

❼ 选中球体所在的图层,按快捷键 Ctrl+D 复制一层并上移至顶部。

添加"线性擦除"效果,并在"效果控件"面板中设置参数如下。

过渡完成:46%。

擦除角度:0°。

完成最终的效果制作。

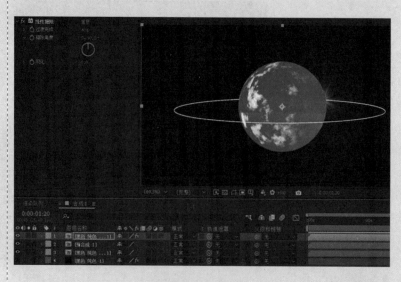

📝 任务评价

1. 自我评价

☐ 学会"三色调"效果的运用

☐ 使用"CC Sphere"效果制作球体

☐ 使用表达式制作球体环绕动画

☐ 制作椭圆描边动画

☐ 制作沿椭圆路径环绕的"点"光源动画

☐ 通过空对象调整"点"光源的旋转角度

☐ 设置"Optical Flares"效果中的"跟踪灯光"

☐ 利用球体遮罩制作光线环绕

2. 教师评价

工作页完成情况：☐ 优 ☐ 良 ☐ 合格 ☐ 不合格

任务五　Volna 插件

	学习领域：外部扩展	班级：	姓名：
		地点：	日期：

💡 任务目标

1. 学会 Volna 插件的安装。

2. 了解 Volna 的应用范围。

3. 掌握实用流线动效制作。

4. 认识到只有 AE 内、外特效的组合使用，才能创作出高水平的作品。

🖋 任务导入

观摩并学习影视作品中流行的光电流线特效，分析其制作手法。

🔬 任务准备

找到本机的 AE 安装路径，准备 Volna 插件的安装。

📇 任务实施

步骤	说明或截图
❶ 安装 Volna 插件非常简单，只要将主文件 Volna.aex 复制到 AE 的 Effects 文件夹中即可。 注：AE 启动成功后，输入注册码"IXVA2*LOOK*AE*855783350210304SUL9"完成注册后，即可正常使用 Volna。	Adobe › Adobe After Effects 2023 › Support Files › Plug-ins › Effects › 名称／修改日期／类型／大小 VRChromaticAberration.aex　2022/10/27 9:50　Adobe After Eff...　263 KB VRColorGradient.aex　2022/10/27 9:50　Adobe After Eff...　272 KB VRConverter.aex　2022/10/27 9:50　Adobe After Eff...　233 KB VRDenoise.aex　2022/10/27 9:50　Adobe After Eff...　261 KB VRDigitalGlitch.aex　2022/10/27 9:50　Adobe After Eff...　290 KB VRFractalNoise.aex　2022/10/27 9:50　Adobe After Eff...　274 KB VRGaussianBlur.aex　2022/10/27 9:50　Adobe After Eff...　271 KB VRGlow.aex　2022/10/27 9:50　Adobe After Eff...　280 KB VRPlaneToSphere.aex　2022/10/27 9:50　Adobe After Eff...　271 KB VRRotateSphere.aex　2022/10/27 9:50　Adobe After Eff...　267 KB VRSharpen.aex　2022/10/27 9:50　Adobe After Eff...　260 KB VRSphereToPlane.aex　2022/10/27 9:50　Adobe After Eff...　250 KB Wave World.aex　2022/10/27 9:50　Adobe After Eff...　132 KB Wave_Warp.aex　2022/10/27 9:50　Adobe After Eff...　95 KB Write_on.aex　2022/10/27 9:50　Adobe After Eff...　43 KB Volna.aex　2021/10/30 23:31　Adobe After Eff...　5,542 KB

❷ 新建一个纯色图层，并使用"钢笔工具"绘制一条曲线。

按快捷键 Ctrl+D 复制图层，先双击选中，再进行垂直翻转。

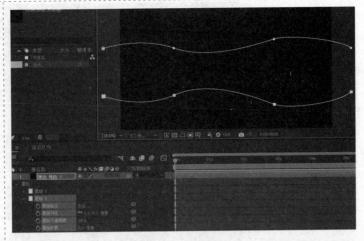

❸ 添加"Volna"效果，并在"效果控件"面板中设置参数如下。

蒙板 1→蒙板：蒙版 1。

蒙板 2→蒙板：蒙版 2。

迭代次数：20。

曲线段数：300。

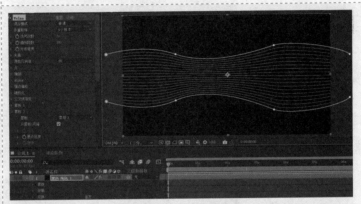

❹ 继续在"效果控件"面板中调整"厚度坡度"和"透明度坡度"的曲线，使线段的厚度及透明度产生相应的变化，如图所示。

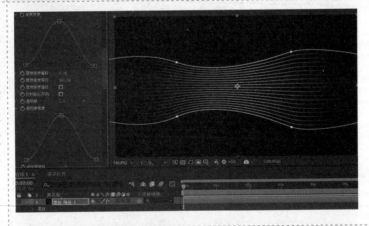

❺ 继续在"效果控件"面板中调整"Alpha"和"随机化"选项中的参数，使线段看上去更加自然、柔和，如图所示。

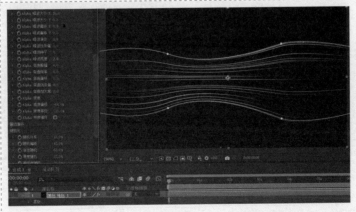

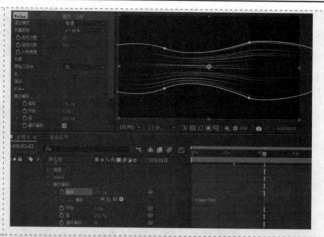

❻先在"效果控件"面板中调整"描边偏移→偏移"参数，然后按住 Alt 键，同时单击其前的"码表"图标，输入表达式：time*100，最后勾选"循环偏移"复选框，从而形成自左向右的流线动画。

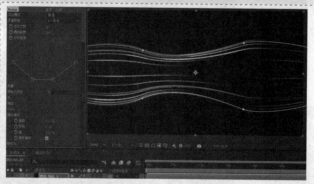

❼添加"色光"效果，为流线上色，在"效果控件"面板中设置参数如下。

输入相位→相移：调整数值。

输出循环→循环重复次数：2.8。

修改→修改 Alpha：取消勾选。

❽在"效果控件"面板中调整"Volna"效果中的"分布坡度"曲线，使流线带中间稀疏，如图所示。从而完成最终的流线动效制作。

📝 任务评价

1. 自我评价

□ 学会 Volna 插件的安装及注册

□ 掌握"Volna"效果中的"蒙板 1"选项设置

□ 掌握"Volna"效果中的"随机化"选项设置

□ 掌握"Volna"效果中的"Alpha"选项设置

□ 掌握"Volna"效果中的"分布坡度"曲线调整

□ 基于同一图层的蒙版复制

□ 设置 Volna 流线动画

□ 学会"色光"效果的运用

2. 教师评价

工作页完成情况：□ 优 □ 良 □ 合格 □ 不合格

任务六　Element 插件

	学习领域：外部扩展	班级：	姓名：
		地点：	日期：

任务目标

1. 学会 Element（E3D）插件的安装。

2. 了解 Element 的"挤压"原理。

3. 掌握 Element 的动效制作。

4. 认识到 E3D 插件是对 AE 三维功能的有效补充，使用它可以大大提高作品的品质。

任务导入

观摩并学习影视作品中的 E3D 立体特效，分析其制作手法。

任务准备

找到本机的 AE 安装路径，准备 Element 插件的安装。

任务实施

步骤	说明或截图
❶ 双击 Element 3D.exe 主程序，开始安装软件。 定位到 AE 的 Plug-ins 文件夹中，执行程序安装。安装完成后，Element 就会出现在 AE 的"效果和预设"面板中。	

❷使用"文字工具"输入一行文本。

新建一个纯色图层，准备承载"Element"效果。

❸ 在纯色图层上添加"Element"效果，并在"效果控件"面板中设置"自定义图层→自定义文本与蒙版→路径图层 1"选项。

❹先单击"Scene Setup"按钮，进入"Element"主界面，再单击"挤压"按钮，出现立体文字基本模型。

❺ 在"Element"主界面中展开"预设→Materials"选项，选择"Gold"材质，并对颜色进行编辑。

❻在"Element"主界面中展开"预设→环境贴图"选项，先选择"Lobby.png"图片，再单击"环境贴图"按钮，弹出相应的对话框，最后对"伽玛""亮度"等参数进行调整，如图所示。

单击"OK"按钮，完成立体金属质感文字制作。

❼新建一个24毫米的摄像机图层，并展开图层的"变换"选项，在1.5s时长内对"目标点"和"位置"打上两个关键帧，制作一个基本的文字入场动画。

❽在"效果控件"面板中展开"Element"效果，并在"群组1→粒子样式→多物体"选项中勾选"启用多物体"复选框，同时对"X旋转"、"Y旋转"、"Z旋转"和"随机旋转"等打上关键帧，如图所示。从而完成最终的E3D开场文字动画效果制作。

📝 任务评价

1. 自我评价

☐ 安装 E3D 插件

☐ 掌握"Element"效果中的"自定义文本与蒙版"选项设置

☐ 学会"挤压"效果的运用　　☐ 学会"场景材质"效果的运用

☐ 学会"环境贴图"效果的运用　☐ 设置摄像机位移动画

☐ 设置 E3D 多物体运动动画　　☐ 了解"Element"主界面中的其他项目设置

2. 教师评价

工作页完成情况：☐ 优　☐ 良　☐ 合格　☐ 不合格

任务七 Particular 插件

学习领域：外部扩展	班级：	姓名：
	地点：	日期：

💡 任务目标

1. 学会 Trapcode Suite 18 组合插件的安装。

2. 了解新版 Particular 插件主要板块的功能。

3. 掌握 Particular 基本粒子动效制作。

4. 认识到有了 Trapcode Suite 18 组合插件的加盟，可以大大提高 AE 的性能，但要注意持续与该领域的新技术接轨。

✏️ 任务导入

观摩并学习影视作品中的 Particular 特效，梳理粒子类动画与特效的制作手法及流程。

🔬 任务准备

安装 Trapcode Suite 18 组合插件，由浅入深地全面掌握粒子动效制作。

📖 任务实施

步骤	说明或截图
❶ 双击 Trapcode Suite Installer.exe 主程序，开始安装软件。 定位到 AE 的 Plug-ins 文件夹中，执行程序安装。安装完成后，RG Trapcode 就会出现在 AE 的"效果和预设"面板中。	

❷ 先新建一个合成，再新建一个纯色图层，并在其中添加"Particular"效果，准备制作粒子类动画。

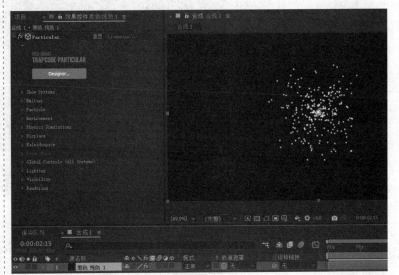

❸ 在"效果控件"面板中调整"Particular"效果中的"Emitter"选项，设置参数如下。

Emitter Type：Box。

Particles/sec：50。

Position：640，0，0。

Emitter Size XY：1280。

从而形成一个满场飞舞的粒子动画。

❹ 在"效果控件"面板中调整"Particular"效果中的"Particle"选项，设置参数如下。

Size：8。

Size Random：100%。

Opacity Over Life：如图所示。

从而形成一个满场飞舞的闪光粒子动画。

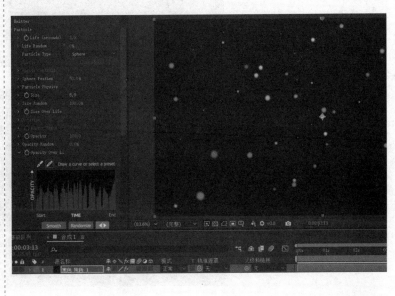

❺ 在"效果控件"面板中调整"Particular"效果中的"Particle"选项，设置参数如下。

Particle Type：Cloudlet。

Size：3。

Size Random：100%。

Opacity Over Life：如图所示。

然后调整"Particular"效果中的"Environment"选项，设置参数如下。

Gravity：40。

Wind X：-60。

Air Density：10。

Affect Position：26。

最后调整"Particular"效果中的"Global Controls（All Systems）"选项，设置参数如下。

Pre Run（seconds）：2。

从而形成一个雪花飞舞的粒子动画。

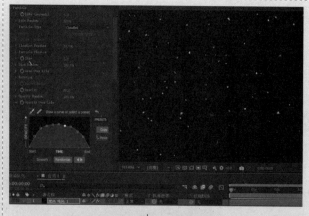

↓

❻ 在"效果控件"面板中调整"Particular"效果中的"Particle"选项，设置参数如下。

Particle Type：Star（No DOF）。

Size：5。

Size Random：100%。

Set Color：Random from Gradient。

继续调整"Particular"效果中的"Environment"选项，设置参数如下。

Gravity：-30。

Wind X：30。

Air Density：0.2。

Affect Position：50。

从而形成一个满天飞舞的星光粒子动画。

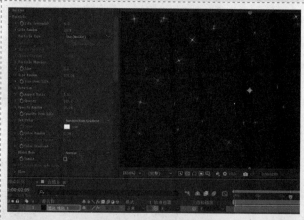

↓

❼ 在"效果控件"面板中调整 "Particular" 效果中的 "Particle" 选项，设置参数如下。

　　Choose Sprite：Maple Leaf。

　　Size：5。

　　继续调整 "Particular" 效果中的 "Environment" 选项，设置参数如下。

　　Gravity：100。

　　Wind Y：10。

　　Wind Z：−24。

　　Air Density：1。

　　Scale：10。

　　从而形成一个落叶纷纷的粒子动画。

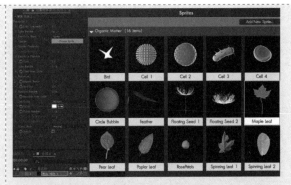

❽ 在"效果控件"面板中调整 "Particular" 效果中的 "Particle" 选项，设置参数如下。

　　Colorize：100%。

　　Size：45。

　　Size Random：70%。

　　Set Color：Random from Gradient。

　　从而完成树叶着色。

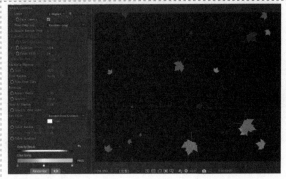

📋 任务评价

1. 自我评价

☐ 安装 Trapcode Suite 18 组合插件

☐ 掌握 "Particular" 效果中的 "Emitter" 选项设置

☐ 掌握 "Particular" 效果中的 "Environment" 选项设置

☐ 使用 "Particular" 效果制作闪光粒子

☐ 使用 "Particular" 效果制作飞舞的雪花

☐ 使用 "Particular" 效果制作星光粒子

☐ 掌握 "Particular" 效果中的 "Sprite"（精灵）选项设置

☐ 设置 Particular 粒子颜色

2. 教师评价

工作页完成情况：☐ 优　☐ 良　☐ 合格　☐ 不合格

模块九 外部插件与模板

任务八　Form 插件

学习领域：外部扩展	班级：	姓名：
	地点：	日期：

💡 任务目标

1. 学会新版 Form 插件主要板块的功能。

2. 掌握 Form 粒子的动效制作。

3. 掌握 Form 粒子的色彩设置。

4. 了解新版 Form 预设效果 Designer 的功能。

✏️ 任务导入

观摩并学习影视作品中的 Form 静态粒子特效，注意与 Particular 动态粒子的区别。

🔬 任务准备

预习 Form Designer Presets 预设的各类动效，进一步明确 Form 的应用范围。

📖 任务实施

步骤	说明或截图
❶ 先新建一个合成，再新建一个纯色图层，并添加"分形杂色"效果。 在"效果控件"面板中调整"分形杂色"效果中的"对比度""亮度"等参数。 选中该图层，先进行"预合成"操作，再隐藏该层。	

❷新建一个纯色图层，并在其中添加"Form"效果，准备制作一个数字球体。

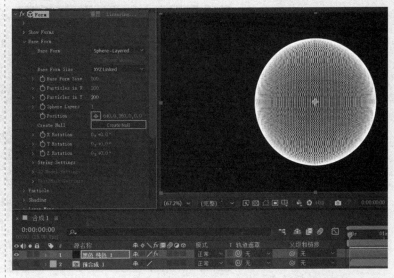

❸在"效果控件"面板中调整"Form"效果中的"Base Form"选项，设置参数如下。

Base Form：Sphere-Layered。

Particles in X：200。

Particles in Y：200。

Sphere Layers：1。

如图所示。

❹在"效果控件"面板中调整"Form"效果中的"Layer Maps"选项，将"Size→Layer"设置为隐藏的预合成图层，如图所示。

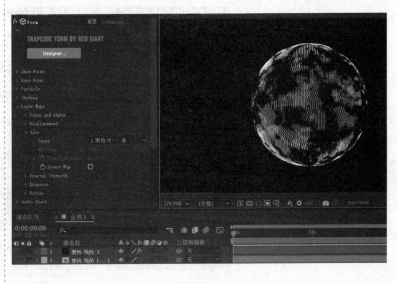

❺ 按快捷键 Ctrl+D 复制 Form 粒子所在的图层，并调整"Form"效果中的"Base Form"选项，设置参数如下。

Particles in X：230。

Particles in Y：130。

Sphere Layers：1。

继续调整"Layer Maps"选项，将"Size→Layer"设置为"无"，制作球体的边缘轮廓。

❻ 分别选中球体、轮廓所在的图层，并在"效果控件"面板中展开"Transform"选项，按住 Alt 键的同时单击"Y Rotation W"前的"码表"图标，输入表达式：time*100，从而实现数字球体的旋转动画。

❼ 新建一个纯色图层，先添加"四色渐变"效果，再将其隐藏，准备作为上色图层。

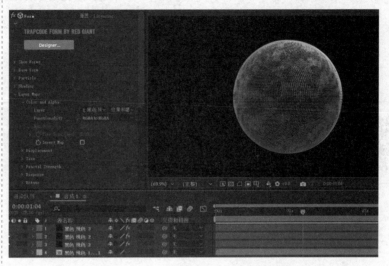

❽ 在"效果控件"面板中调整"Form"所在的两个图层（球体、轮廓）中的"Layer Maps"选项，将"Color and Alpha→Layer"设置为隐藏的"四色图层"，从而完成最终的数字球体动效制作。

任务评价

1. 自我评价

☐ 用符号构筑 Layer Maps

☐ 了解"Form"效果中的主要组成部分

☐ 掌握"Form"效果中的"Base Form"选项设置

☐ 掌握"Form"效果中的"Layer Maps"选项设置

☐ 掌握"Form"效果中的"Transform"选项设置

☐ 制作 Form 粒子旋转动画

2. 教师评价

工作页完成情况：☐ 优 ☐ 良 ☐ 合格 ☐ 不合格

任务九　Mir 3 插件

	学习领域：外部扩展	班级：	姓名：
		地点：	日期：

任务目标

1. 学会新版 Mir 3 插件主要板块的功能。

2. 掌握 Mir 3 粒子的动效制作。

3. 掌握 Mir 3 粒子的色彩设置。

4. 做好 Mir、Particular、Form 三者之间的分工协作。

任务导入

观摩并学习影视作品中丝滑的 Mir 特效，梳理此类动画与特效的制作方法。

任务准备

确认 Mir 3 插件已正确安装，优化运行环境。

任务实施

步骤	说明或截图
❶在 AE 中先新建一个合成，再新建一个纯色图层，并添加"Mir 3"效果。	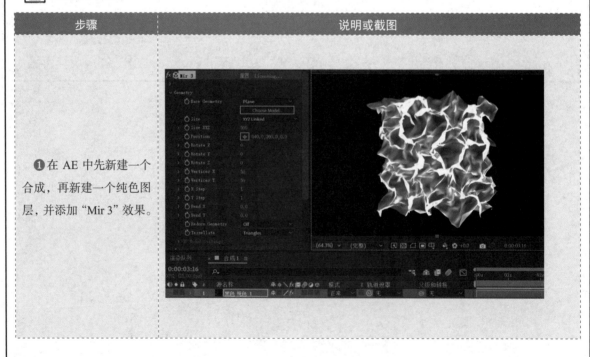

❷ 在"效果控件"面板中调整"Mir 3"效果中的"Geometry"选项，设置参数如下。

Size X：3000。

Size Y：2000。

Vertices X：500。

Vertices Y：300。

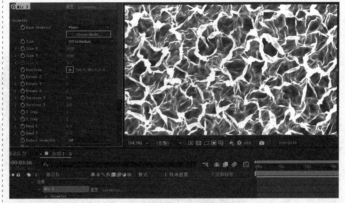

❸ 继续在"效果控件"面板中调整"Mir 3"效果中的"Fractal"选项，设置参数如下。

Evolution：time*10。

Scroll X：time*40。

Scroll Y：time*-60。

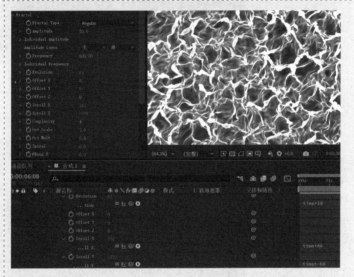

❹ 继续在"效果控件"面板中调整"Mir 3"效果中的"Shader"选项，设置参数如下。

Draw：Wireframe。

Normal Effect：100。

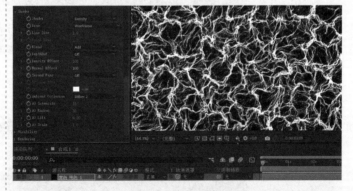

❺ 继续在"效果控件"面板中调整"Mir 3"效果中的"Visibility"选项，设置参数如下。

Far：4500。

Fog Start：4000。

Fog End：4500。

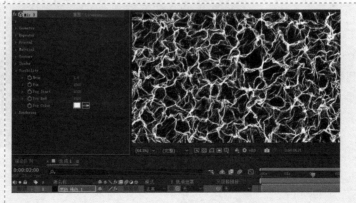

❻ 继续在"效果控件"面板中调整"Mir 3"效果中的"Fractal"选项，设置参数如下。

Amplitude：time*90+200。

Frequency：40。

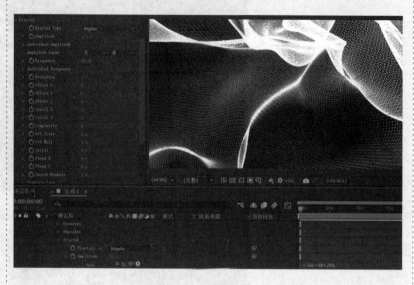

❼ 添加"四色渐变"效果，对抽象梦幻线条进行着色，效果如图所示。

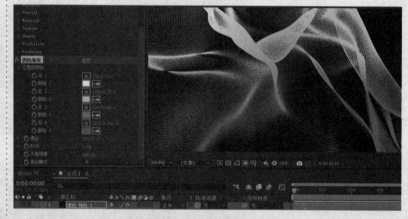

❽ 在"效果控件"面板中调整"Mir 3"效果中的"Shader"选项，设置参数如下。

Draw：Front Fill, Back Cull。

从而实现如梦幻般的丝绸质感，完成最终的效果制作。

📋 任务评价

1. 自我评价

☐ 调整"Geometry"选项中的尺寸

☐ 调整"Geometry"选项中的顶点

☐ 调整"Fractal"选项动态演化

☐ 调整"Fractal"选项向右上滚动

☐ 调整"Visibility"选项中的参数

☐ 调整"Fractal"选项的振幅与频率

☐ 调整"Shader→Draw"参数，实现丝绸质感

☐ 学会"Mir 3"效果的颜色叠加

2. 教师评价

工作页完成情况：☐ 优 ☐ 良 ☐ 合格 ☐ 不合格

任务十　3D Stroke 插件

模块九　外部插件与模板

	学习领域：外部扩展	班级：	姓名：
		地点：	日期：

💡 任务目标

1. 学会新版 3D Stroke 插件主要板块的功能。

2. 掌握 3D Stroke 的线条形状调整及色彩设置。

3. 掌握 3D Stroke 的动效制作。

4. 做好 3D Stroke、Particular、Form、Mir 四者之间的分工协作。

🖊 任务导入

观摩并学习影视作品中的游走光线类动效，梳理此类动画与特效的制作方法。

🔬 任务准备

确认 3D Stroke 插件已正确安装，优化运行环境。

📖 任务实施

步骤	说明或截图
❶ 在 AE 中先新建一个合成，再新建一个纯色图层，并添加"梯度渐变"效果，将"渐变形状"设置为"径向渐变"。	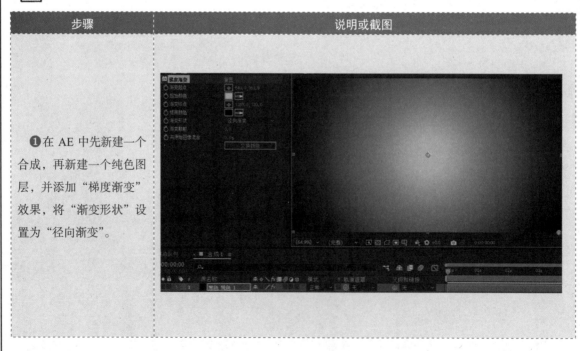

❷再次新建一个纯色图层，并使用"钢笔工具"在其中绘制一个如图所示的蒙版。

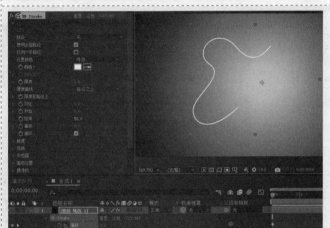

❸添加"3D Stroke"效果，并在"效果控件"面板中设置参数如下。

颜色：淡黄色。

厚度：2。

结束：50。

偏移：打上两个关键帧，0～200。

循环：勾选。

❹继续在"效果控件"面板中设置参数如下。

厚度：4。

锥度：勾选"启用"和"压缩到适合"复选框。

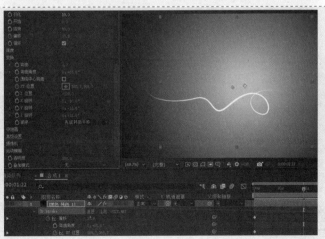

❺继续在"效果控件"面板中设置"变换"选项中的参数如下。

弯曲：4.7。

弯曲角度：65°。

XY 位置：打上两个关键帧。

Z 位置：-100。

X 旋转：-10°。

Y 旋转：12°。

Z 旋转：31°。

模块九 外部插件与模板

❻ 继续在"效果控件"面板中设置"摄像机"选项中的参数，并为"XY 位置"打上关键帧，如图所示。从而得到另类游走光线动效。

❼ 绘制一个正圆，为其添加"3D Stroke"效果后，调整"开始"、"结束"和"中继器"等参数，最终得到的星轨动画效果如图所示。

📋 任务评价

1. 自我评价

☐ 构建"3D Stroke"效果应用模板

☐ 了解"3D Stroke"效果中的相关参数调整

☐ 调整游走光线的颜色

☐ 掌握"3D Stroke"效果中的"厚度"参数调整

☐ 掌握"3D Stroke"效果中的"锥度"参数调整

☐ 掌握"3D Stroke"效果中的"变换"选项设置

☐ 掌握"3D Stroke"效果中的"摄像机"选项设置

☐ 使用"3D Stroke"效果制作星轨动效

2. 教师评价

工作页完成情况：☐ 优 ☐ 良 ☐ 合格 ☐ 不合格

任务十一　Shine 插件

	学习领域：外部扩展	班级：	姓名：
		地点：	日期：

🔋 任务目标

1. 学会 Shine 插件主要板块的功能。

2. 掌握 Shine 的动效制作。

3. 掌握 Shine 的色彩设置。

4. 学会"曲线"与"提取"效果的综合运用。

📎 任务导入

观摩并学习影视作品中绚丽的光线特效，梳理此类动画与特效的制作方法。

🔬 任务准备

确认 Shine 插件已正确安装，优化运行环境。

📇 任务实施

步骤	说明或截图
❶启动 AE，在"项目"面板中导入一个视频素材，并基于此素材新建一个合成。 添加"曲线"效果，并在"效果控件"面板中通过设置"曲线"来对视频素材进行调整，如图所示。	
❷按快捷键 Ctrl+D 复制图层，同时添加"提取"效果，并调整"直方图"下面的滑块，如图所示。 使用"钢笔工具"绘制蒙版，并进行"反转"操作，仅保留图层中的白色云状。	

❸ 添加"Shine"效果，并在"效果控件"面板中调整参数如下。

源点：云端上方。

光芒长度：4。

提升亮度：1.2。

着色模式：3-颜色渐变。

分形噪波：勾选"启用"复选框。

❹ 显示视频素材所在的图层可以看到，出现了丁达尔光叠加效果。

❺ 先使用"文字工具"输入一行文本，并设置基线偏移，使文本看上去具有错落感，再添加"Shine"效果。

❻ 独显文字所在的图层，并在"效果控件"面板中调整参数如下。

源点：默认。

光芒长度：3.8。

提升亮度：1.3。

着色模式：3-颜色渐变。

来源不透明度：100%。

发光不透明度：100%。

⑦ 继续在"效果控件"面板中调整"Shine"效果中的相关参数，并在"源点"和"光芒长度"上打上关键帧，制作文字的扫光动画，完成最终的效果制作。

📝 任务评价

1. 自我评价

☐ 学会"曲线"效果的运用　　　　☐ 学会"提取"效果的运用

☐ 制作"反转"蒙版　　　　　　　☐ 生成丁达尔光

☐ 丁达尔光与素材的混合　　　　　☐ 调整丁达尔光的颜色

☐ 制作丁达尔光动效　　　　　　　☐ 了解文字扫光的其他制作方法

2. 教师评价

工作页完成情况：☐ 优　☐ 良　☐ 合格　☐ 不合格

任务十二　Lux 插件

	学习领域：外部扩展	班级：	姓名：
		地点：	日期：

💡 任务目标

1. 学会 Lux 插件主要板块的功能。

2. 掌握 Lux 的动效制作。

3. 掌握 Lux 的色彩设置。

4. 学会 "Lux" 效果与灯光图层的组合运用。

🖊 任务导入

观摩并学习影视作品中的 Lux 特效，思考如何让灯光图层可视化。

🔬 任务准备

确认 Lux 插件已正确安装，优化运行环境。

📋 任务实施

步骤	说明或截图
❶ 在 AE 中先新建一个合成，再新建一个纯色图层，并使用"文字工具"输入一行文本。	

❷ 将两个图层都转换为三维图层，并开启文字图层的"材质选项→投影"属性，使文字受光能产生阴影。

将两层的"X 轴旋转"都设置为-60，准备应用"Lux"效果。

❸ 新建一个"点光"图层，并调整"点"光源的位置，最终形成如图所示的灯光投影效果。

❹ 新建一个"聚光"图层，并调整聚光灯的位置，最终形成如图所示的灯光照射投影效果。

❺ 新建一个纯色图层，并添加"Lux"效果，使两个灯光图层自动受光，如图所示。

❻ 在"效果控件"面板中将"Lux"效果中的"Spot Lights→Reach"参数值设置为7610。

调整"聚光"图层中"灯光选项"的"强度"、"颜色"和"锥形角度"等参数，使其形成一条紫色的光束。

❼ 选中"聚光"图层，展开图层属性面板，在"X轴旋转"和"强度"上打上关键帧，从而形成光束摇曳动画。

❽ 选中"聚光"图层，按快捷键 Ctrl+D 复制一层，更改灯光颜色并移至右侧。

按快捷键 Ctrl+Shift+H 隐藏/显示图层控件，观察光束摇曳动画，完成制作。

📋 任务评价

任务十三　AE 模板套用

	学习领域：外部扩展	班级：	姓名：
		地点：	日期：

💡 任务目标

1. 了解 AE 模板的基本结构。

2. 学会 AE 模板的套用方法。

3. 学会不同 AE 版本源文件的转换。

4. 做好 AE 模板的精选和优化，积累资源并高质、高效地完成作品制作。

✏️ 任务导入

观摩并学习使用 AE 模板所制作的影视精品，提高 AE 实战能力。

🔬 任务准备

准备 AE 模板替换所要用到的图片和音频素材。

📋 任务实施

步骤	说明或截图
❶ 打开 AE 模板套用 Tutorial 教程，了解模板作者的制作思路。	

❷ 打开 aep 格式的模板源文件，通常在版本转换成功后，"项目"面板中会出现 3 个文件夹，其中需要编辑和修改的内容集中在 01.Editable 文件夹中。

❸ 在"项目"面板中导入一批图片素材，并将其放置在一个新建的文件夹中。

❹ 先打开 01.Editable 文件夹中的 Media 子文件夹，再逐一打开其中的合成 Media_01 ～ Media_20，最后使用"项目"面板中导入的图片替换预设的图片。

❺ 对 Media_X 中的图片尺寸进行调整，如图所示。

❻先打开 01.Editable 文件夹中的 Text 子文件夹，再打开合成 Text_01，并修改其中的文本。

❼在图片替换和文本修改完成后，可以选择"编辑→首选项"命令，并在弹出的对话框中单击"清空磁盘缓存"按钮，以此来提高视频的渲染输出速度，从而完成最终的模板套用。

任务评价

1. 自我评价

☐ 正确打开并转换 aep 格式的模板源文件

☐ 了解模板在"项目"面板中的文件夹组成

☐ 批量导入需要替换的图片素材

☐ 替换 01.Editable 文件夹中的图片

☐ 调整图片尺寸

☐ 修改片头、片尾文本

☐ 清空磁盘缓存以提高渲染输出速度

☐ 渲染生成 MP4 格式的视频文件

2. 教师评价

工作页完成情况：☐ 优 ☐ 良 ☐ 合格 ☐ 不合格

模块九 外部插件与模板